广东省"南粤家政"工程培训教材
广东省职业技术教研室 组织编写

粤港澳大湾区家政服务
——菲式家政服务项目式教学

中国劳动社会保障出版社

图书在版编目（CIP）数据

粤港澳大湾区家政服务：菲式家政服务项目式教学／广东省职业技术教研室组织编写． -- 北京：中国劳动社会保障出版社，2024． --（广东省"南粤家政"工程培训教材）． -- ISBN 978-7-5167-5771-0

Ⅰ．TS976.7

中国国家版本馆CIP数据核字第2024R5E492号

中国劳动社会保障出版社出版发行

（北京市惠新东街1号　邮政编码：100029）

*

北京华联印刷有限公司印刷装订　　新华书店经销

787毫米×1092毫米　16开本　10.25印张　146千字

2024年12月第1版　2024年12月第1次印刷

定价：38.00元

营销中心电话：400-606-6496

出版社网址：https://www.class.com.cn

版权专有　　侵权必究

如有印装差错，请与本社联系调换：（010）81211666

我社将与版权执法机关配合，大力打击盗印、销售和使用盗版图书活动，敬请广大读者协助举报，经查实将给予举报者奖励。

举报电话：（010）64954652

广东省"南粤家政"工程培训教材

编写委员会

主　编：陈　挺

参编人员：李丽蓉　易　丽　黄艳男　阮　成　胡泽乐　覃春松
　　　　　周　旻　黄　鹤

引言

习近平总书记指出，家政服务大有可为，要坚持诚信为本，提高职业化水平。随着社会经济的快速发展和城市化进程的加速推进，我国的家政服务业迅速发展，为我国的经济发展和民生保障带来了重大影响，在吸纳就业、改善民生、鼓励消费等方面均发挥了积极的作用。

实施"南粤家政"工程，是广东省委、省政府深入贯彻落实习近平总书记关于推进家政服务发展的重要指示和对广东重要讲话、重要指示批示精神的重要举措，是稳就业保民生、促进更加充分更高质量就业的重要抓手，是服务粤港澳大湾区建设、助力"百县千镇万村高质量发展工程"的具体行动。

随着我国居民生活水平的提高和家庭结构的变化，人们对高质量家政服务的需求不断增加，借鉴国外先进的家政服务经验，特别是菲式家政服务的成功模式，对于推动中国家政行业的高质量发展具有重要意义。

"菲佣"拥有专业的服务技能和职业素养，是菲律宾打造的高品质家政服务品牌，"菲式家政"在家政服务职业化、规范化、标准化等方面有着独到的经验。

菲式家政服务的成功离不开其完善的工作内容、严谨的要求细则、高要求的服务标准、良好的职业道德规范。融合在家庭教育、幼儿园、小学、初级中学、高级中学、职业教育、高等教育、社会机构教育等整个菲律宾国家教育体系中的家政教育体系为菲律宾家政服务业打下坚实的国民家政素质基础。标准化的菲佣培训，确保菲律宾家政服务的职业化、规范化，进而确保菲佣培训质量。

《粤港澳大湾区家政服务——菲式家政服务项目式教学》一书系统全面，涵盖菲式家政服务的方方面面；分析深入，揭示菲式家政成功的关键因素，提供具有实际操作性的建议；实用性强，介绍了菲式家政服务的理论知识和大量实操内容。本书旨在通过对菲式家政服务的系统研究，探讨其成功的原因和经验，分析其对中国家政行业的启示和借鉴价值，以期为政府、企业、职业院校和家政服务从业者提供有益的参考和指导，亦可作为企业训练在职一线员工、职业院校培训家政相关专业学生的教材。

在全球化的背景下，"南粤家政"工程发展不仅要立足本土，更要放眼世界，通过引进国外先进经验，促进广东省家政行业快速发展，推动家政服务规范化、专业化、标准化、品牌化发展，促进家政服务业提质扩容，实现"南粤家政"工程高质量发展。

目录 Contents

培训项目 1　菲式家政服务发展概述 ······················· 1

培训项目 2　菲式家政产业生态 ······················· 17
 2.1　菲式家政产业生态链 ······················· 18
 2.2　法律保护体系 ······················· 21
 2.3　保障措施 ······················· 28
 2.4　"产、学、研"融合发展 ······················· 30

培训项目 3　菲式家政的主要内容及菲佣的职业素养 ······················· 33
 3.1　菲式家政的工作内容和要求细则 ······················· 34
 3.2　菲式家政的服务流程及内容 ······················· 42
 3.3　菲式家政相关服务标准 ······················· 59
 3.4　菲佣的职业道德规范 ······················· 63

培训项目 4　菲式家政的人才培养与机构管理 ······················· 69
 4.1　菲式家政教育概述 ······················· 70
 4.2　菲式家政教育阶段 ······················· 73
 4.3　菲式家政的人才培养路径 ······················· 80
 4.4　菲式家政培训大纲和教案编制 ······················· 84
 4.5　菲式家政的培训实操 ······················· 91

4.6 菲律宾家政服务机构及人员管理 ················· 133

培训项目5　菲式家政对粤港澳地区家政服务的启示 ············ 137

5.1 广东省家政服务业发展概况 ····················· 138

5.2 香港、澳门地区家政服务业发展概况 ············· 140

5.3 粤港澳地区家政服务业发展趋势 ················· 143

5.4 启示 ·· 145

后记 ··· 155

培训项目 1

菲式家政服务发展概述

一、菲式家政服务的含义

菲式家政服务本义是指由菲律宾共和国（Republic of the Philippines，菲律宾）家政服务人员提供的家政服务。菲佣是指菲律宾家政服务人员，因其受到菲律宾政府的全力支持，接受过良好的教育、高水平的技能培训，并具有一流的服务意识与职业道德，从而使菲佣以专业素质高、英语水平高、服务职业化而享誉世界。

在菲律宾，家政服务内容涵盖家庭服务需求的各个方面，即清洁客厅、餐厅、卧室、厕所、厨房，清洗和熨烫衣服、织物等清扫整理服务；准备冷热餐/食物，提供餐饮服务；为家庭中的婴幼儿、儿童、老人、有特殊需要的人提供护理服务；协助照顾动物，提供动物常规卫生护理服务；修剪景观植物，进行除草和栽培，给植物浇水，控制和预防植物病虫害等服务。

菲律宾认为，家政服务就是家庭工作，其工作场所不同于工厂、商场、办公室等公共场所；从事家政服务的人员就是家庭工人，需要接受相关教育培训，上岗前需要取得职业资格认证。家庭工作的目的是解决雇主家庭的后顾之忧，提升雇主的家庭生活品质，让传统的私人家庭事务社会化，进而实现家庭的稳定、社会的和谐，即"小家政、大民生"。

二、菲佣产生和发展的社会背景

"菲式家政"是享誉世界的高品质家政服务的代名词，菲佣被菲律宾政府和人民誉为"国家英雄"。菲佣为何能享受如此殊荣？这与菲律宾的基本国情、家庭文化和社会文化等密切相关。

1. 菲律宾的基本国情

菲律宾位于亚洲东南部，总面积29.97万平方千米，共有大小岛屿7 000余座。菲律宾人口约1.1亿人（2022年数据），存在地少人多的状况，这也意味着劳务输出的必然性。

菲律宾人口以马来裔为主体，马来裔占全国人口的85%以上，外来后裔包括华人、阿拉伯人、印度人、西班牙人和美国人。菲律宾供应着非常充足的年轻人口，保持着非常健康的人口增长。菲律宾是一个多民族国家，主要民族包括他加禄族、伊洛戈族、邦板牙族、维萨亚族和比科尔族等。菲律宾现有华人华侨约100万人，其中90%以上祖籍在我国闽南地区，因此，闽南话成为菲律宾华人社区的通用语言。菲律宾国内有70多种语言，国语是以他加禄语为基础的菲律宾语，英语为官方语言。

20世纪70年代，菲律宾面临国内经济异常不景气和社会剧烈动荡的双重困境，严重的经济问题主要表现为国民收入水平不断下降，失业率激增，贫困人口增多等方面。1974年，菲律宾颁布《菲律宾劳工法》，试图通过输出劳动力来缓解经济困境。菲律宾早期输出的海外劳工主要是在发达国家从事基础设施建设工作。70年代末80年代初，越来越多的海外劳工开始从事生产、服务、职业技术等不同类型的工作。为了调整国民经济结构和改善民众收入，菲律宾开始鼓励以菲佣为主体的劳务出口。从此，菲佣逐渐成为国际劳务市场上的一支主力军，成为全球专业化家政服务人员的代表品牌。

20世纪80年代，劳务输出上升为菲律宾的国家发展战略。为了配合政府向海外派遣劳务，菲律宾形成了一条由劳务中介公司、技能培训学校及认证中心等构成的完整商业链。在激烈的海外家政市场竞争下，菲律宾家政服务人员的素质不断提高，最终形成了专业而周到的服务品牌，占据东南亚、欧美等家政服务市场的绝大部分份额。90年代初，以家庭帮佣为主体的服务业从业人员约占菲律宾海外劳工总数的25%，成为菲律宾海外劳工的中坚力量。

20世纪70年代末至90年代，菲律宾海外劳工结构的转变得益于菲律宾的国家支持以及菲律宾人自身的一些特质，也顺应了发达国家与地区对于家庭帮佣需求增长的趋势。菲律宾输出海外的家政服务人员主要分布在亚洲和欧美，主要市场涉及美国、科威特、沙特阿拉伯、中国香港等国家和地区。

相关链接

菲律宾海外劳工情况

如图1-1所示，2020年，菲律宾海外劳工中，59.6%为女性，40.4%为男性。2019年也同样是女性居多。

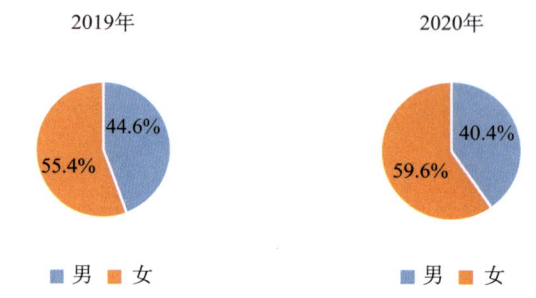

图1-1 2019年和2020年菲律宾海外劳工性别分布

如图1-2所示，从年龄上看，2020年菲律宾海外劳工中30~34岁的人数最多；男性中45岁及以上人数占比最多，占比为23.3%；女性中30~34岁人数占比最多，占比为23.3%。在以菲佣为代表的女性海外劳工中，年龄在25~39岁人数占比高达64.5%。

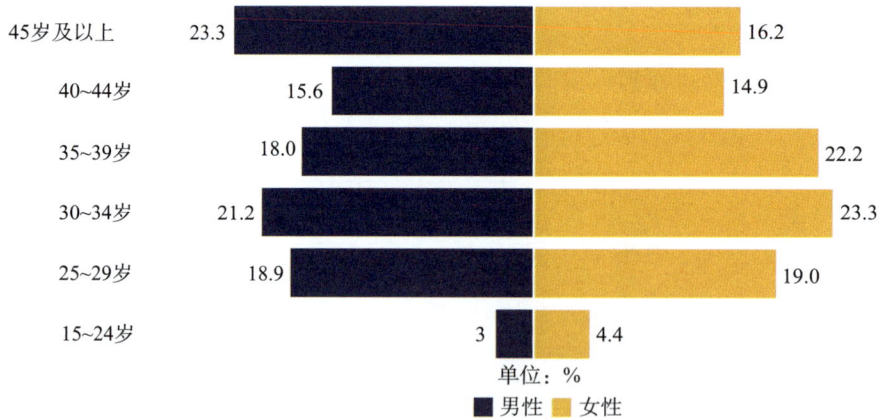

图1-2 2020年菲律宾海外劳工年龄分布

如图1-3所示，从2017年菲律宾海外劳工职业类别来看，37.8%是服务人员（主要是菲佣），20%是专家和各类技术人员，16%是贸易人员，15%是制造业工人。菲佣是海外劳工的重要组成部分。

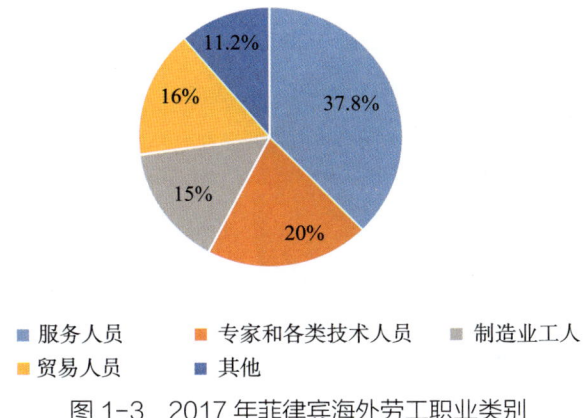

图 1-3　2017 年菲律宾海外劳工职业类别

菲律宾有 17 个大区,如图 1-4 所示,从海外劳工的来源地区看,2020年甲拉巴松大区贡献的海外劳工最多,占比为 18.5%,其次是中央吕宋(11.8%)、西米沙鄢(9.2%)、国家首都大区(8.5%)。

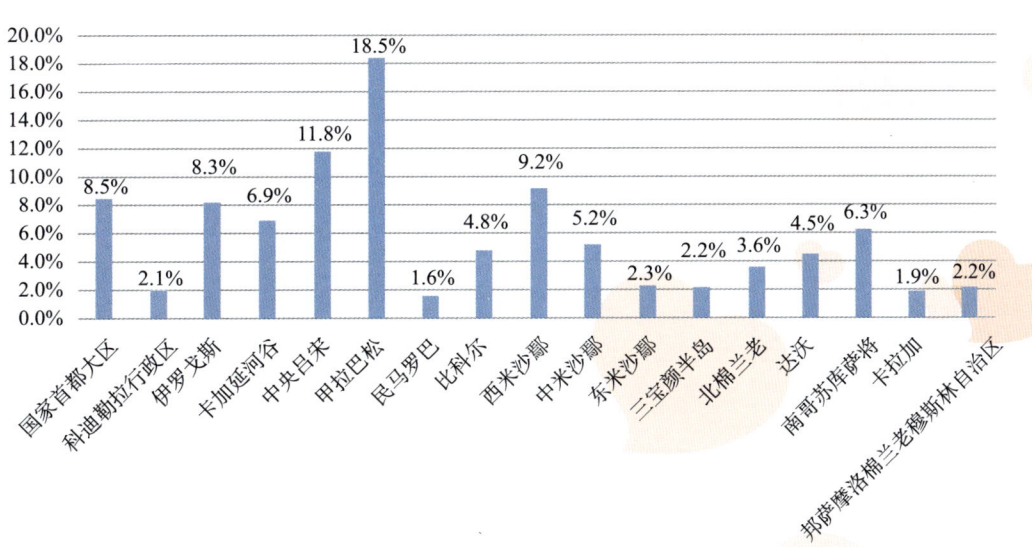

图 1-4　2020 年菲籍海外劳工的来源地区

如图 1-5 所示,大多数菲律宾海外劳工在亚洲工作,占比高达 83.6%;其次是欧洲(6.7%)、南美洲和北美洲(5.2%)、澳洲(3.4%);去往非洲的人数最少,占比为 1.1%。在亚洲工作的海外劳工中,分布在沙特阿拉伯的最多,占比为 26.6%;其次是阿拉伯联合酋长国(14.6%)、科威特(6.4%)、中国香港(6.3%)、卡塔尔(5.4%)、新加坡(5.3%)。

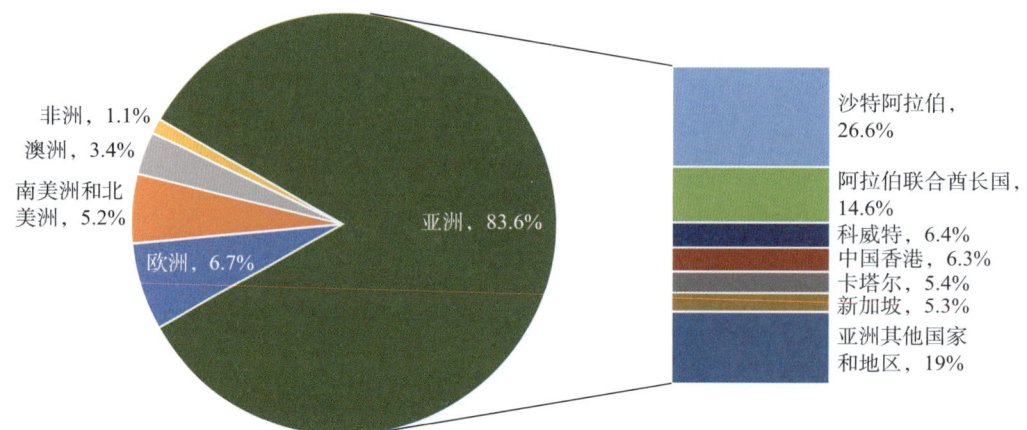

图 1-5　2020 年菲律宾海外劳工工作地点分布

据统计，2020 年 4—9 月，菲律宾海外劳工的收入总额达到 1 347.7 亿比索（人民币约 168.58 亿元），其中，寄回的现金为 1 130.8 亿比索（人民币约 141.45 亿元），带回家的现金为 189.8 亿比索（人民币约 23.74 亿元），实物折合现金约 27.1 亿比索（人民币约 3.39 亿元）。

在过去的十几年，菲律宾经济增长速度较快，以家政服务为代表的服务业成为国民经济的第一大产业，创造了全国 GDP 一半以上的经济价值。

2. 菲律宾的家庭文化

菲律宾人的家族观念很强。在菲律宾家族里，小家有困难，大家都要帮忙。在家族文化的影响下，菲佣到海外工作，其子女会由留在国内的家族其他成员帮忙照看，以确保菲佣能够安心出国工作。在菲律宾，当地人非常重视家庭，与传统的"男主外、女主内"的家庭关系不同，女性外出打工，男性就需要在家操持家务。家庭中明确的男女分工，也赋予了菲律宾独特的家庭文化。

家政服务是菲律宾人的傍身之技。菲律宾的普通家庭通常子女较多，当父母忙于养家糊口时，家中尚未成年的子女必须担负起家务劳动与照顾兄弟姐妹的责任。而且，菲律宾非常重视家政教育，家政不仅是菲律宾中学的必修课程，在大学也会开设。菲律宾的家政课程不仅仅教授基本的家务技能，还培养良好的表达与沟通能力，以及如何表达对他人的尊重。菲律宾家政教育的普及不仅体现出国家和社会对于一个合格公民的具体要求，也反映了菲律宾人重视家庭的品质。

从这个角度来讲，菲佣成为全球专业化家政服务人员的代表品牌，与菲律宾丰厚的家庭文化根基有着紧密关系。在菲律宾，家政服务人员主要是拥有高素质的菲律宾妇女，她们不仅要接受完整的义务制教育，还要在专门的家政班培训两年，除技能培训外，还要接受相应的语言培训。在她们看来，能为家庭提供经济支持，是重视家庭的一种荣耀的行为，具有很高的道德价值。

3. 菲律宾的社会文化

菲律宾的社会文化极具包容性。菲佣与其他国家的家政服务人员最大的不同，来自她们在菲律宾被称为"国家英雄"，是菲律宾人引以为傲的"国家名片"，享有很高的社会地位。菲律宾国内贫富差距较大，不少女性为了贴补家用开始出国打工。在家政方面拥有一技之长的她们，往往选择女佣这项职业来谋生。慢慢地，她们因为工作认真且专业而打响了"菲佣"的品牌。菲佣逐渐成为菲律宾的支柱产业之一，也是菲律宾重要的外汇来源。当菲佣在圣诞前夕回国时，菲律宾官方会格外重视。菲律宾各大国际机场都会设置专门的通道，铺上红地毯，有时候还会有政府要员甚至是总统亲自前来接机。菲律宾官方还将每年的6月7日定为"海外劳工日"，以此肯定菲佣的贡献。

此外，菲律宾人的官方语言为英语。90%的菲律宾人能够进行流利的英语交流，这为他们在海外工作创造了得天独厚的条件。目前，菲律宾人的生活方式和思维方式全面西化，易于适应西方社会的生活环境，这也增强了菲佣在海外的适应能力。

三、菲式家政服务高度职业化的主要表现

职业化的菲佣能够以标准化、规范化、制度化的方式完成服务工作，即在合适的时间、合适的地点，用合适的方式，说合适的话，做合适的事，不为个人感情所左右，冷静且专业。菲式家政服务的高度职业化主要表现在三个方面，即职业化的工作技能、职业化的工作态度和职业化的工作形象。

1. 职业化的工作技能

菲佣拥有较高的基本素质，整体表现出有文化、懂英语、领悟力强的特质。经过充分的、严格的系统培训，菲佣具有了扎实过硬的专业技能，使其能够胜任照顾雇主家庭成员和处理家务的工作，甚至可以充当家庭教师、理财管家和司机。

2. 职业化的工作态度

所谓职业化的工作态度就是用心把工作做好。菲佣非常敬业，对待自己的工作积极主动、精益求精，常常会在工作中给雇主带来预期之外的惊喜。菲佣常常从服务工作的细节中，透露出对家政工作饱满的热情，在周到温馨的服务中，彰显出良好的职业态度。

3. 职业化的工作形象

职业化的工作形象体现在菲佣温和的谈吐上。菲佣普遍具有性情温和、乐观淳朴、能忍让、服从性强、易于融入异域文化和陌生环境的优良品质。菲佣在工作中能摆正自己的位置，很注重细节，例如，不在雇主面前打电话、不使用雇主的电子产品、不与雇主同桌用餐、自己与雇主的衣物分洗，甚至不看电视、不坐沙发等，更不会与雇主吵架、顶嘴。菲佣做人做事极具原则性，因而深受雇主的欢迎。

菲式家政服务之所以表现出高度的职业化，与服务标准密不可分。菲律宾家政服务业有家政服务能力标准、老年人照护能力标准、母婴照护能力标准、婴幼儿照护能力标准、病患照护能力标准、菲佣在雇主家的工作规范与服务守则等多项服务标准，为菲佣的高度职业化提供了有力支撑。

四、菲佣的受教育程度

菲律宾具备良好的教育条件，其教育在发展中国家中属于比较发达的。据世界银行的数据显示，菲律宾人平均接受教育的时间为11.5年，菲律宾人初等教育完成率为90%。在菲律宾海外劳工中，受教育水平为初等教育的占比为19.2%，中等教育的占比为29.3%，高等教育的占比为19%，取得学士学位的占比为

12.28%，取得学士以上学位的占比为0.88%。

菲佣的受教育程度更高，近95%的菲佣具有初级以上教育水平。菲佣中很多是教育、心理学、财务等专业的大学毕业生，65%的菲佣拥有中专学历，部分菲佣还持有护士、医师或教师执照，良好的教育提升了菲佣在海外务工的竞争力。很多雇主请菲佣并不仅仅是做家务，而是为了陪伴小孩读书学习。要成为一名合格的菲佣，必须接受过良好的教育，具备女佣的工作经验，无不良嗜好，无犯罪记录，品格良好，健康状况良好，具备合法的身份证明。

菲律宾政府十分重视菲佣的素质培养，菲佣往往需要在国内经过专业的培训，获得技术认证证书后，才可以进入海外家政服务市场。菲律宾政府设立了一套完备的从小学到大学的家政教育体系，以及标准化的社会培训系统。例如，菲律宾劳工和就业部（DOLE）以及菲律宾海外就业管理局（POEA）就提供专门的培训，时长216小时，其培训主要包括技能培训和语言文化培训两个部分。菲律宾技术教育和技能发展局（以下简称TESDA）开设的菲佣培训课程就有240门之多，这些课程涵盖了一名菲佣日常工作涉及的所有领域，仅语言部分，就包括阿拉伯语、英语、中国普通话和广东话等，要求菲佣能用多种语言进行日常交流，还要时刻保持灵活性。在菲律宾的大街小巷，随处可见许多家政培训机构，为出国务工人员提供短期培训。全面而严格的技术培训，为菲佣拥有良好的素质和能力提供了保证，并使菲佣在海外家政服务市场中保持持久的竞争力。

 **相关链接**

菲佣的国家技术认证培训

菲佣在出国前，必须完成由TESDA认证的培训机构组织的培训，通过测试并获得菲律宾国家技术认证证书。培训内容通常包含四个能力模块，详见表1-1，分别是基本技能、公共技能、核心技能和选修技能；培训时间分别是20小时、40小时、158小时、496小时，培训时长共计714小时。

表 1-1　菲佣的国家技术认证培训内容及时长

	技能单元代码	课程名称	培训时长
基本技能	500311105	工作场所的交流	20 小时
	500311106	团队工作	
	500311107	践行职业专业精神	
	500311108	职业健康和安全程序实践	
公共技能	HCS913201	保持与客户的有效联系	40 小时
	HCS913202	管理自己的业绩	
核心技能	HCS913301	清洁客厅、餐厅、卧室、卫生间和厨房	158 小时
	HCS913302	清洗和熨烫衣物	
	HCS913303	准备冷热餐（食物）	
	HCS913304	提供餐饮服务	
选修技能	HCS323301	护理照顾婴幼儿	496 小时
	HCS323302	护理照顾儿童	
	HCS323305	护理照顾老年人	
	HCS323306	护理照顾有特殊需要的人	
	HCS913401	协助照顾动物	
	HCS913402	提供动物常规卫生护理	
	AG611376	修剪景观植物	
	AG611377	除草和栽培	
	AG611379	浇灌植物	
	AG611380	控制和预防植物病虫害	
合计			714 小时

（必备技能涵盖基本技能、公共技能、核心技能）

五、菲律宾家政服务业的发展

菲律宾家政服务业的基本模式是培训输出海外劳工，其发展进程大体上可以划分为三个阶段。

第一阶段是从 20 世纪初至 20 世纪 40 年代。1907 年，美国《移民法》规定亚洲劳工不能进入美国工作，而菲律宾当时是美国的殖民地，美国政府给予菲律宾人"特殊的非公民的国民地位"。这些菲律宾人大都在旅馆、饭店和雇主家从事服务员、仆人、园丁、司机和厨师等职业。这是最早出现的菲律宾海外家政服务员。

第二阶段是从20世纪40年代末至20世纪60年代。1946年，菲律宾独立后，美国不再支持菲律宾人赴美就业。于是，一些专业人士，如医生、护士、工程师和商人等前往加拿大、西欧等地的家政服务业寻找就业机会。

第三阶段是20世纪70年代初至今。这也是菲律宾家政服务业发展的关键阶段。20世纪70年代爆发的两次石油危机给菲律宾经济带来沉重打击，国内就业机会大量丧失。为了生活，菲律宾人纷纷走出国门务工。这一次海外劳工输出的数量和规模比之前要大得多，菲律宾政府从此将劳务输出上升到国家战略的高度，出台了很多的支持措施，保障劳工在海外的生活。输出海外的劳工有很多菲律宾女性，她们为了改善家庭状况，前往世界经济发达地区，主要从事家庭佣人、招待员、饭店服务员等工作。

六、菲律宾家政学的发展

1. 菲律宾家政学的起源

菲律宾家政学源起于美国。"二战"结束后，作为美国殖民统治的一种文化产物，家政学被移植到菲律宾高等教育体系当中。20世纪70年代后，由于菲律宾特定的经济需要，家政学不断地走向繁荣，逐步发展成为高等教育体系的重要组成部分。经过60多年的发展，菲律宾家政教育已经形成广泛而良好的社会基础，中学教育阶段就已经普及家政类课程，尤其在女子中学里，家政课更是主流课程，为菲律宾每年对外输出数以百万计的菲佣提供了有力的教育支撑。

2. 创立菲律宾家政学协会

菲律宾家政学协会于1948年创立，是汇集了菲律宾家政学家和专业人士以及相关机构，以改善家政学教育及其相关学科为目标的全国性组织。目前，菲律宾家政学协会拥有1 000多家成员单位，定期举办全国会议和培训，与国际上领先的家政学协会——国际家政学联合会和亚洲地区家政学协会有着密切的联系。

3. 家政课程建设

目前，菲律宾2 000多所大学几乎都开设了家政课程。许多大学，如菲律宾师范大学、菲律宾科技大学、菲律宾国立大学等在亚洲乃至全世界享有盛誉的顶尖大学，都设有家政学院（系）和家政学专业。菲律宾国立大学成立于 1908 年，是菲律宾历史最悠久、办学规模最大、办学水平最高的综合性国立大学。菲律宾国立大学于 1961 年创办家政学院，是目前菲律宾国内家政学的最高学府，现设有 5 个系、7 个学士学位专业、6 个硕士学位专业、3 个博士学位专业。

七、菲律宾家政服务业面临的困境

1. 菲佣劳动权益时常受到侵害

例如，菲佣在工作过程中可能会出现工作时间过长、不能按时收到工资、被虐待、住宿条件差等问题。根据国际劳工组织 2019 年统计的数据，在全世界 7 560 万名家政服务人员中，6 140 万人（81.2%）是非正式就业，即没有和雇主签订合同，不享受社会保障法和劳动法的保护；拥有合法的书面雇佣合同的家政服务人员仅为 1 420 万人（18.8%）。菲佣时常处于弱势地位，在海外务工的菲佣中，每天工作 9—10 小时的菲佣占比为 33%，每天工作 11 个小时及以上的菲佣占比为 20%，每周工作七天、没有休息日的菲佣占比为 36%。通常在雇主家庭有需要时，菲佣就要随时提供帮助，工作和休息时间的界限非常模糊。

2. 菲律宾人口老龄化

2022 年，菲律宾人口与发展委员会表示，预计到 2030 年，菲律宾 60 岁及以上老年人口占比将升至 11%，可能被视为老龄化社会。菲律宾人口与发展委员会 2022 年 8 月公布的人口报告显示，由于生育率较低，菲律宾的儿童人口比例在过去二十年中有所下降，而老年人的数量一直在增加，导致中位年龄跃升至 25.3 岁。一直以来，菲律宾人口结构年轻化是其向海外发展家政服务的重要前提。随着菲律宾人口老龄化程度的加深，菲佣的供应数量将会减少，菲佣的年龄增长也会对其服务质量造成影响。这是菲佣品牌今后将面临的严重问题。

 相关链接

菲佣在中国香港

中国香港地区由于距离菲律宾较近，且家政服务市场需求旺盛，一直是菲佣的重要目的地。由于各国和地区法律及社会制度不同,雇主在招募与管理菲佣方面有很大的差异。

1. **市场规模**

随着20世纪七八十年代香港经济的腾飞,香港劳动力市场出现短缺,许多原来的家庭主妇进入劳动力市场,家政服务需求大幅提升,聘用菲佣开始成为一种新潮流。

如图1-6所示,菲佣在香港外佣市场中占比为54%,具有较大的优势,属于行业首位;印度尼西亚外佣占比为43%,也占据举足轻重的地位。

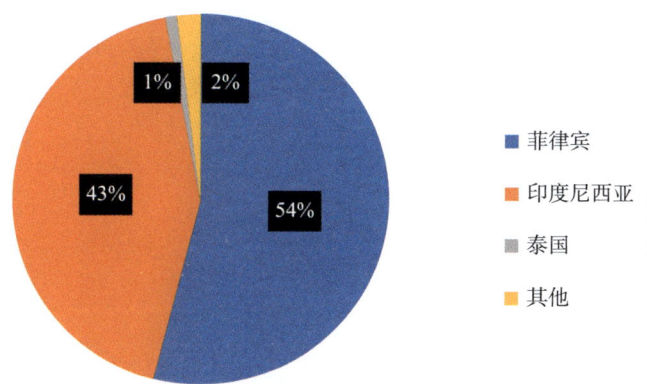

图1-6 香港家庭中外佣的来源地

如图1-7所示,根据香港入境事务处的数据:2008年至2017年,香港的外佣人数持续增长,预计到2047年这一数字会上升到60万。菲佣将成为香港劳动力市场的重要构成部分,必将为香港的经济发展作出贡献,且未来的市场规模还会持续扩大。

2. **雇主分析**

2020年国际移民组织对中国香港的外佣雇主进行了调研,并发布了一项报告。这次研究总共收取308份有效问卷,186(60%)名受访者为女性,122(40%)名为男性;年龄方面,10%的受访者年龄在18~25岁,一半受访者介于26~40岁,27%介于41~55岁,11%介于56~65岁,2%为65岁及以上。可见,菲佣服务的雇主中,女性居多,年龄大多集中在26~40岁。

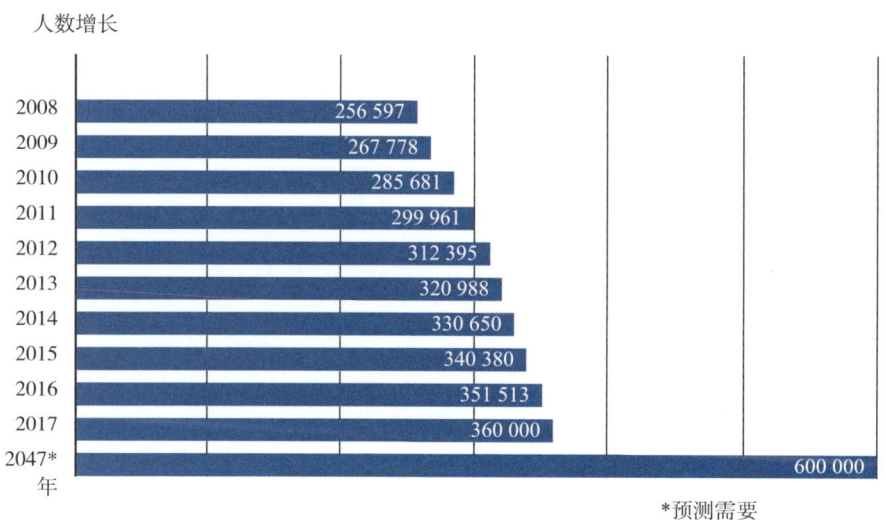

图1-7 香港的外佣人数

（1）性别和年龄。如图1-8所示，2020年国际移民组织发布的报告数据显示，香港外佣雇主60%是女性，40%是男性；如图1-9所示，在年龄方面，26~40岁的雇主占50%。

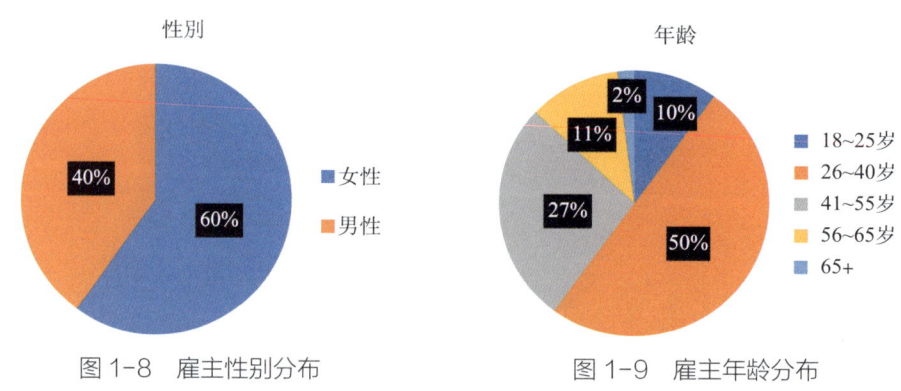

图1-8 雇主性别分布　　　　　图1-9 雇主年龄分布

（2）雇用外佣的原因。如图1-10所示，在对雇主雇用外佣的主要原因进行调查时发现：39%的雇主是为了照顾儿童及处理家务，24%的雇主是为了照顾儿童，11%的雇主是为了照顾长者及处理家务，10%的雇主是为了处理家务，8%的雇主是为了照顾长者；7%的雇主是为了照顾儿童、照顾长者兼顾处理家务。可见，大部分雇主会同时有多项家政服务需求。

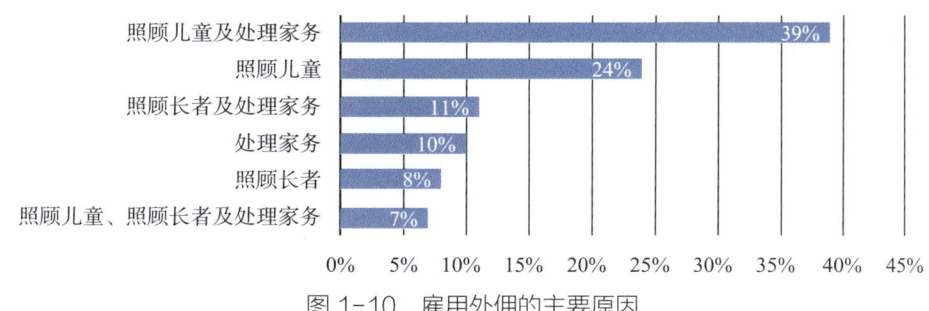

图 1-10　雇用外佣的主要原因

（3）雇用外佣的途径。如图 1-11 所示，关于雇用外佣的途径，88% 的雇主通过职业介绍所雇用外佣，只有 12% 的雇主直接雇用。在通过职业介绍所雇用外佣的雇主中，94% 的人表示该职业介绍所持有有效牌照，6% 的人表示不清楚该职业介绍所是否持有有效牌照。可见，雇主普遍会通过持有有效牌照的职业介绍所来雇用外佣。

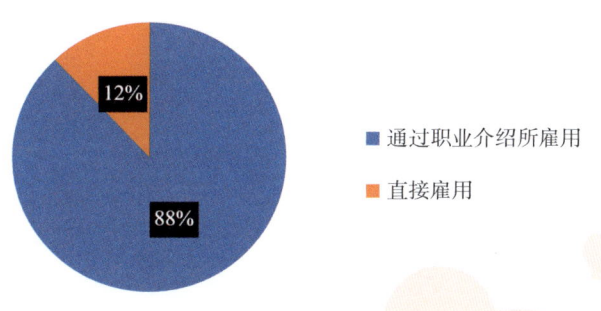

图 1-11　雇用外佣的途径

（4）挑选职业介绍所的方式。如图 1-12 所示，关于挑选职业介绍所的方式，81% 的雇主表示是通过亲戚朋友的推荐。所有 18~25 岁的受访雇主都是通过亲戚朋友推荐的方式选择职业介绍所的，这可能是因为他们对聘用外佣缺乏了解。

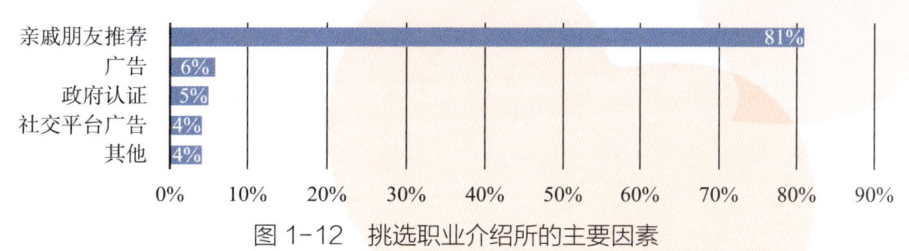

图 1-12　挑选职业介绍所的主要因素

培训项目 2

菲式家政产业生态

2.1 菲式家政产业生态链

菲佣品牌的成功与整个菲律宾家政产业生态链的密切运作息息相关，社会各方积极参与，共同推动菲律宾家政产业蓬勃发展。菲式家政产业上游是提供法律政策支持和保障的政府；中游是家政产品供应商、各类家政服务公司、家政服务中介、家政培训学校、技术认证机构等与家政密切关联的机构组织，以及出国服务办事机构和组织、国外派驻办事机构等；下游是需要家政服务的家庭雇主。菲式家政产业生态图如图2-1所示。

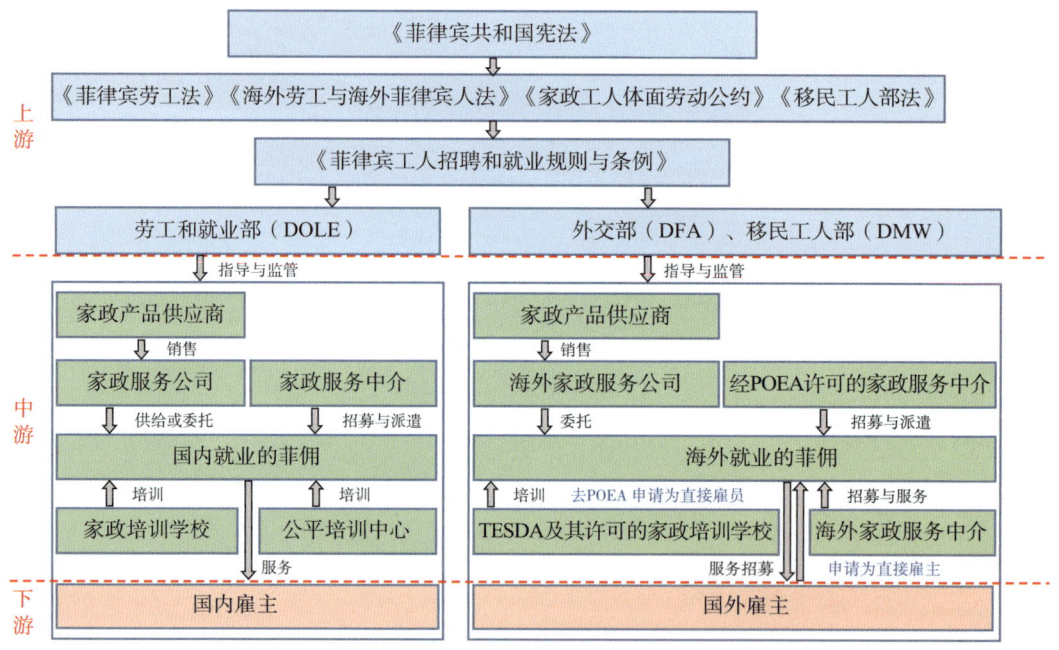

图 2-1 菲式家政产业生态图

一、政府参与

为了促进菲律宾劳工赴海外就业，打造菲佣品牌，菲律宾政府制定了一系列法律法规，设立了专门的管理机构，推动劳务向海外输出。菲律宾政府设立的专门管理机构主要包括劳工和就业部、外交部，以及后来成立的移民工人部，如图 2-2 所示。

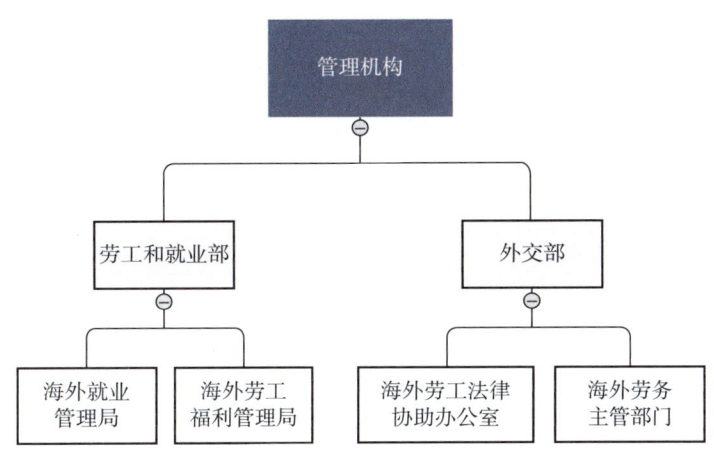

图 2-2 菲律宾为保护海外劳工设立的管理机构

二、家政产品供应商

家政产品供应商主要指制造各种清洁器具、洗涤用品、防护工具等家政类用品的生产制造和经销企业。例如，菲律宾的化学清洁供应商主要为相关机构（如家政服务公司）提供专业清洁一站式的化学品和材料维护服务，产品包括清洁剂、消毒剂、地毯护理剂、空气清新剂、手部护理液等。家政产品供应商可将相关清洁用品和器具销售给家政服务类企业，一些清洁剂类的产品也可以销售给家政服务人员个人。

三、菲佣

菲佣因其职业素养高而在国际市场格外抢手。她们大多数年龄为 30～39 岁，在国内工作的菲佣人数为 100 万～200 万人；在海外工作的菲佣人数约为 350 万人。菲佣在国内要先在雇主家工作几年后，习得了经验，再接受严格的海外劳务输出培训，培训合格后才能到海外务工。合格的菲佣普遍拥有乐观淳朴、能忍让、服从性强、易于融入异域文化和陌生环境等特质。她们在工作中能摆正自己的位置，很注意细节，做人做事具有原则性和敬畏之心，愿意为雇主服务好，也愿意参加专业技能和语言培训,从而成为职业化的家政服务能手。

四、家政服务中介

菲律宾有很多在国内进行招聘与派遣菲佣的中介机构,但能够派遣海外菲佣的中介机构都必须持有海外就业管理局(POEA)颁发的许可证,认证后方可开展业务。例如,马尼拉大都会就有超过10家的家政服务中介机构,其中具有海外派遣资质的家政服务中介机构,会为菲佣提供代办海外就业需要的各类手续,如办理护照签证、出生证明、医疗保险、职业测试、健康体检等。

五、家政培训学校和机构组织

菲律宾家政教育最著名的当属菲律宾国立大学家政学院,还有97所TESDA认可的培训学校。其中,菲律宾的家政培训机构百思家政,已累计培训并向海外输出2万余名菲佣,私人订制局(Bespoke Bureau)拥有享誉世界的管家学院。

六、海外家政服务中介

菲佣输入国家的家政服务中介也积极参与,使菲佣在海外务工更有针对性。有的海外家政服务中介直接发出招聘订单,到菲律宾本地招聘菲佣;有的菲佣在出国前直接联系目的地国家家政服务中介,请中介协助办理菲佣前往目的地国家可能需要的补充手续。

七、家庭雇主

对菲佣服务有需求的国内外家庭雇主是菲律宾家政产业生态链的需求端,直接决定了菲律宾家政产业生态发展水平,特别是中东国家、中国香港地区的雇主家庭是菲律宾家政产业生态发展的动力源泉。

2.2　法律保护体系

为了保护海外劳工，特别是菲佣的合法权益，推动海外劳务发展，菲律宾建立健全了相对完善的法律保护体系。例如，《菲律宾共和国宪法》《菲律宾劳工法》《海外劳工与海外菲律宾人法》和《家政工人体面劳动公约》等，主要法律名称及要点见表2-1。这些法律从各个层面、多角度保护菲律宾海外劳工的合法权益，并对海外劳工特别是菲佣提供各种援助，让海外就业的菲佣安心工作。

表 2-1　菲律宾主要法律名称及要点

颁布时间	名称	要点
1987 年	《菲律宾共和国宪法》	国家高度重视海外劳工，通过最高法律保障他们的合法权益和就业机会
1974 年	《菲律宾劳工法》	政府参与到海外劳工的招募与介绍中，力求为劳工提供最优的就业条件
1995 年	《海外劳工与海外菲律宾人法》	阐明了菲律宾人海外就业的目标和管理政策，明确了相关政府管理部门的职责
2011 年	《家政工人体面劳动公约》（第189号公约）	确保家政工人和其他行业的工人一样享有一些基本的劳动权益

一、《菲律宾共和国宪法》相关知识

《菲律宾共和国宪法》颁布于1987年，既是菲律宾的最高法律，也是菲律宾家政的指导性根本大法，有力地推动和保障了菲律宾家政服务业，特别是菲佣品牌的创建与发展。《菲律宾共和国宪法》从国家最高法律层面对劳工、妇女的权利义务，以及人权、教育、语言、家庭等做出规定。

《菲律宾共和国宪法》中涉及菲律宾家政的有关内容如下：

1. 关于"劳工"

《菲律宾共和国宪法》规定：国家应为本地的、海外的、有组织的、无组织的劳工提供充分的保护，促进充分就业和平等的就业机会。劳工应享有职业保障、人道的工作条件和获得足以维持生活的工资的权利。

这些规定特别强调"本地的""海外的"劳工，"有组织的""无组织的"劳工，都应得到职业保障、人道的工作条件、维持生活的工资，以及平等的就业机会。这非常契合海外菲佣的职业特点，可谓量身定制。菲律宾从国家宪法高度保障家庭佣工的权益和就业机会，这无疑是促进菲佣成为"最专业保姆"的根本保障。

2. 关于"妇女"

《菲律宾共和国宪法》规定：国家应保护就业妇女，为其提供安全的工作条件，以及必要的便利和机会，以增进她们的福利，并使她们能发挥潜力为国家服务。

这些规定印证了菲佣是"国家英雄"。在海外就业的菲佣在国家宪法的保护下，实现了"发挥潜力为国家服务"。

3. 关于"教育"

《菲律宾共和国宪法》规定：鼓励非正式的和因地制宜的学习制度，以及自学和举办业余教育，特别是适应社会需要的业余教育。为成年公民、残疾人和社会青年提供公民训练、职业培训和其他技能的培训。非股份、非盈利的教育机构真正、直接、完全用于教育目的的一切收入和资产应予免税。私人创办包括私人合伙举办的教育机构，也可享受免税……。按照法律规定的条件，一切真正、直接、完全用于教育目的的补贴、捐赠、捐款应予免税。

这些规定极大地鼓励了菲律宾社会各界在全国范围内积极创办各类培训机构，也让菲律宾家庭佣工享有良好的培训机会和条件，接受各种家政培训。

4. 关于"语言"

《菲律宾共和国宪法》规定：为了通信和教学的便利，菲律宾官方语言在法律未另行规定前为菲律宾语和英语。西班牙语和阿拉伯语应在自愿和选择的基础上加以提倡。

这些规定为菲佣走向世界创造了得天独厚的竞争优势，也解释了为什么菲佣能够在中东地区等成为家庭佣工市场的主流。

5. 关于"家庭"

《菲律宾共和国宪法》规定：国家承认菲律宾家庭为国家的基础。因此，国家应加强家庭的团结，坚持促进其全面发展。婚姻是不可违反的社会制度、是家庭的基础，受到国家的保护。国家应保护：……儿童得到扶养和特别保护的权利，包括获得适当的关怀和营养，避免无人照管、凌辱、虐待、剥削和其他种种有害于他们发展的情况。家庭有责任照顾老年人，但国家也应通过合理的社会保险计划给予老年人以照顾。

这些规定为在海外务工的菲佣解决了后顾之忧。菲佣常年在海外雇主家中辛勤从事家政工作，自己家中的孩子和老人在国内也需要照顾。菲律宾在宪法上做出这样的明确规定，可谓用心良苦。

二、《菲律宾劳工法》相关知识

《菲律宾劳工法》于1974年由第442号总统令颁布，是涉及菲律宾家政的一部重要法律。《菲律宾劳工法》对菲律宾家政服务全过程做出了具有法律约束力的明确规定，为菲律宾家政走职业化发展道路提供了保障。《菲律宾劳工法》的颁布不仅使菲律宾国内家庭佣工有法可依，也为菲佣的目的地国家管理菲佣提供了参考依据。

《菲律宾劳工法》有以下3个特点。

1. 对家庭佣工应享有的各项劳动权益都进行了明确规定

《菲律宾劳工法》中对"工作时间""用餐时间""夜班津贴""加班""休息日、周日或假日工作的补偿""按工作量付费""支付时间""工资扣减""禁止扣留工资和回扣""工资、简单金钱索赔和其他福利的追讨""妇女的设施""产假福利""禁止歧视""最低工资""最低现金工资""家庭佣工的待遇""膳宿和医疗服务""不正当终止服务的赔偿""终止通知的送达""就业证明""就业记录""对家庭佣工的管理""健康评估""女性夜班工人""雇主的不公平劳动行为""任期的保障""正规和临时雇佣""试用期雇佣""终止雇佣的疾病理由""雇员终止合同""退休"等都进行了明确规定。

《菲律宾劳工法》的这些规定,从国家层面通过立法的强制性,减少了家庭佣工的随意性,严格禁止非法家庭佣工的行为,依法保障了菲律宾家政服务业的规范、有序发展。

2. 对雇主的权利和义务作了严格的规定

《菲律宾劳工法》中对"支付时间""工资扣减""妇女的设施""禁止歧视""禁止的行为""膳宿和医疗服务""雇主的不公平劳动行为"等都进行了明确规定。

这些规定的关注点是保护相对弱势的一方,即家政女工,这是《菲律宾劳工法》立法宗旨的体现。只有家政女工的合法权益得到有效保障,她们才能安心地、有尊严地、有质量地为雇主家庭提供优质的家政服务,最终受益的不仅是家政女工,也包括雇主家庭。

3. 关于劳工"退休"的规定

《菲律宾劳工法》中规定:任何员工在达到集体劳资协议或其他适用雇佣合同中规定的退休年龄后(达到60岁或以上),均可退休。在退休的情况下,雇员应有权获得其根据现有法律、任何集体谈判协议或其他协议可能获得的退休福利。

这些规定依法保障了菲律宾家政服务人员有完整的职业生涯发展规划。

三、《海外劳工与海外菲律宾人法》相关知识

《海外劳工与海外菲律宾人法》是菲律宾关于海外劳工派遣与管理的重要法规。该法阐明了菲律宾海外就业的目标和管理政策,明确了相关政府管理部门的职责,强调打击非法招募,为海外菲律宾劳工与菲律宾人提供全过程的管理与服务。

该法规定菲律宾劳工的目的地国必须是能够保护菲律宾劳工权利的国家。这类国家应具有保护外来劳工权利的相关法律,是保护外来劳工权利多国公约、宣言和决议的签字国家,同菲律宾政府签订了保护菲律宾劳工权利的双边协议,并积极采取具体措施保护外来劳工权利。菲律宾政府可根据国家利益和公众社会安

全的要求，随时终止或禁止外派劳工。菲律宾政府通过国家立法，与菲律宾劳工目的地国家共同保障菲律宾海外劳工的合法权益。

该法还对非法海外劳工招聘、派遣作出明确规定。菲律宾政府将任何无营业执照或非官方批准执照持有人进行的，旨在谋利或非谋利的，涉及招募、输送、利用、雇用海外劳工的活动，包括咨询、合同服务、承诺和广告等，视为非法招募。三人以上联合共谋或实施大规模非法招募，被视作破坏国家经济的犯罪行为。对任何违法招募海外劳工的人，都将处以6~12年的监禁和4 000~10 000美元的罚款。如果非法招募对经济造成破坏，将判无期徒刑和处以1万~2万美元的罚款。如果非法招募未满18岁的劳工，将按照上限处罚。该法同时规定，无论身居何职，任何与执行该法有关的政府官员和雇员及其四代以内的血亲和姻亲亲属都不得直接或间接地参与招募海外劳工，否则将对其进行处罚。菲律宾政府通过国家立法，将非法海外劳工招募、派遣行为列为犯罪行为，上升到刑法高度，足以证明海外劳务输出在菲律宾国家经济社会发展中的重要地位。

该法规定：菲律宾政府海外劳务主管部门为劳工在海外就业提供全过程管理与服务，以维护海外菲律宾劳工的合法权益，推动海外劳务输出健康有序地发展。

该法的具体规定还有：

1. 利用网站、出版物等大众传媒，为个人赴海外工作提供充足的海外就业信息

菲律宾所有驻外使馆、领馆都要通过菲律宾海外就业管理局定期发布所在国的劳动就业条件、移民情况以及国家遵守人权和劳工权利国际标准等情况，每月至少在报纸上公布1次。菲律宾外交部通过政府信息共享系统，将菲律宾劳工在海外的有关数据和资料，与相关机构实现自由交换与共享，以便于相关机构对海外菲律宾劳工的管理。

2. 设立海外劳工贷款担保基金

该基金为所有将要出国的劳工、已就业的劳工提供出国前贷款、家庭援助贷款及贷款担保。出国前贷款用于满足新签订合同的海外劳工做出国前的准备，用于支付职业介绍费、机票费、服装费和零用钱等；家庭援助贷款用于帮助已就业的劳工或符合规定的经济援助者及家庭在紧急情况下渡过难关。

3. 加强海外菲律宾劳工就地管理

菲律宾在有 2 万以上菲律宾劳工的国家设立海外劳务管理机构,由来自不同政府部门的人员组成,至少包括劳工专员、外交官员、福利官员、协调官员各一人;向被菲律宾列为高问题目的地国家派驻律师和社会工作者。海外劳务管理机构保持 24 小时办公,并与菲律宾外交部设立的 24 小时信息援助中心相联,以保证总部与各中心联络畅通。海外劳务管理机构负责为劳工注册证件,对影响菲律宾劳工的环境、情况和活动进行监控,关注驻在国劳动和社会福利法规对菲律宾劳工的公平性,调解劳资纠纷,提供咨询和法律服务,提供福利援助,以及帮助海外劳工获得医疗和住院服务等。

4. 及时遣返海外劳工

该法规定遣返海外劳工及其个人财产是招募派遣机构的首要职责,任何派遣机构都不得要求海外劳工预付遣返费用。招募派遣机构在海外必须预付所有劳工的遣返费用,劳工回国后,如确认雇佣终止是由于劳工的个人过失造成的,招募派遣机构可向其索要遣返费用。在战争、瘟疫、自然或人为的灾害和其他类似情况下,海外劳工福利署与菲律宾外交部、有关国际机构要协调执行遣返工作,相关派遣机构承担赔偿损失的责任。在无法确定派遣机构的情况下,所有费用由海外工人福利署承担。对年龄低于海外派出人员最低年龄要求的劳工,海外负责官员在发现后应立即将其强制遣返,遣返费用由相关机构或机构负责人支付。

5. 促进回国劳工再就业

根据该法规定,1999 年 6 月菲律宾成立了再就业中心,促进回国劳工重返菲律宾社会和在本地就业。再就业中心通过与私营企业协调,为回国的菲律宾劳工开发谋生项目;与政府有关部门合作,建立计算机信息系统,将有特长的回国海外劳工的信息提供给国内所有公营或私营招工机构及雇主;为回国海外劳工提供定期学习和找工作的机会;开发和执行促进海外劳工福利项目;与菲律宾科技部协调,为在科技领域工作的专家和高技术海外菲律宾人提供优惠政策,开发其技术和潜能,为国家发展服务。

综上所述,《海外劳工与海外菲律宾人法》对菲律宾海外劳工与海外菲律宾人的招募、派往、安置、法律援助、回国安置等海外务工所涉及的各个环节、各个部门都作出明确的法律规定，以保证海外劳务输出有法可依。

四、《家政工人体面劳动公约》（第189号公约）相关知识

《家政工人体面劳动公约》是菲律宾作为主席国参与制定的世界家政工人的国际公约。菲律宾政府在家政工人的权益保护方面走在世界前列，引领世界各国一起保障家政工人的体面劳动和合法权益。

此公约要求确保家政工人和其他行业的工人一样享有一些基本的劳动权利。例如："确保有效地促进和保护本公约规定的所有家政工人的人权。""最低年龄""确保家政工人享有有效保护，免遭所有形式的虐待、骚扰和暴力。""享有公平的就业待遇和体面的工作条件，如果他们住在雇主家中，应享有尊重其隐私的体面的生活条件。""通过按照国家法律法规或集体协议草拟的书面合同获得有关其就业待遇和条件的信息""海外家政工人在就业合同终止或到期时享有遣返权。""家政工人有权保留自己的身份证件。""每周须至少连续休息24小时。""每名家政工人都有权享有安全和健康的工作环境。""确定招聘或安置家政工人的私营职业介绍所的运营条件"等。

此公约对全世界家政工人的输出输入相关利益方都作出了具体规定，特别是对雇主的雇佣行为也作出明确规定，有助于保障全世界家政工人的合法权益，进而有助于推动世界家政服务产业国际合作与职业化发展。在公约的制定与实施过程中，菲律宾作出了重要贡献。同时，该公约也为菲律宾家政工人在海外体面就业与获得合法权益提供了有力的国际保障。

《家政工人体面劳动公约》的通过具有里程碑意义，是对全世界数千万名家政人员的一个突破。自那时起，完全被排除在劳动法律法规范围之外的家政人员数量减少了至少16个百分点。然而，还有36%的家政人员仍被完全排除在劳动法律法规范围之外。即使在家政人员被劳动法律法规所覆盖的地方，执法仍然存在困难。在这方面，作为发展中国家的菲律宾，通过一系列国家立法来保障家政人员的合法权益，为其他国家规范发展家政产业提供了可借鉴的宝贵经验。

2.3 保障措施

一、给予政治荣誉

鉴于海外劳工对菲律宾经济发展的重大贡献，1995年，菲律宾政府将每年的6月7日定为"外籍劳工日"。菲律宾历届总统对菲律宾海外劳工都非常重视，几乎每任总统都要亲自接见菲律宾海外劳工代表。每年圣诞节海外劳工集中回国探亲时，菲律宾政府都会在机场设立特殊的快速通道，总统及各相关部门的官员们还会专门组织接机欢迎仪式。

二、制定特殊保护政策

为保障菲佣在国外的合法权益和人身安全，维护民族尊严，菲律宾政府针对海外女性劳工制定了特殊的保护政策。例如，对于出国工作的女性，政府规定她们的年龄必须在18岁以上，并有足够应对复杂环境的能力。针对菲佣在某些国家的雇主家庭受到虐待或骚扰的现象，菲律宾政府及时规定，去这些国家的菲佣只允许在公务人员或外交官家中工作。

菲律宾政府还出台了一系列相关的保护规定，例如：

维护海外菲律宾劳工的尊严和基本人权，促进其充分就业和享有平等的就业机会。

通过最优的就业条款和条件，保护每一位希望在海外工作的公民。

只允许在菲律宾劳工权利受到保护的国家部署海外菲律宾劳工。

通过传播信息，使海外菲律宾劳工不仅了解他们作为劳工的权利，还要了解他们作为人的权利，指导劳工维护自己的权利。

谨慎选择到海外就业的菲律宾劳工，以保护菲律宾在海外的良好声誉。

建立一个制度，保证海外菲律宾劳工拥有从事海外工作的必要技能、知识和经验。

支持回国的菲律宾海外劳工重新融入菲律宾社会。

在私营企业的积极参与下，努力创造一个有利于海外劳工就业的环境，最大限度地创造、促进、提高和保持其就业机会。

三、实施福利援助计划

菲律宾在 1977 年建立了海外劳工福利基金会，以保护海外劳工及其家庭的合法权益。1987 年，海外劳工福利基金会进行了调整，改名为海外劳工福利委员会，为海外劳动力及其家庭提供从财政到法律等一系列服务。具体做法是，每雇用一名劳工，则向雇主和雇佣菲律宾劳工去海外工作的本国承包商，按照固定金额征收费用，以此组成福利基金。

菲律宾的援助计划包括为其海外劳工提供家庭服务，为其伤、残、病海外劳工的子女提供奖学金，帮助劳工遣返，由总统向杰出工人颁奖等。

四、设立财政支持的专项基金

1995 年，菲律宾政府对海外劳工福利基金进行了重大调整，由过去向雇主和本国承包商筹集转变成由国家财政出资。此外，菲律宾政府还设立了紧急遣返基金、海外劳工贷款担保基金、法律援助基金、国会移民工人奖学金四个基金。

五、通过外交维护菲佣权益

菲律宾政府非常注重维护菲佣在海外的权益。20 世纪 80 年代末，面对菲佣在海外受到虐待和剥削的投诉，菲律宾政府禁止将菲佣派往海外。菲律宾政府通过外交部先对有意雇用菲佣的国家进行筛选，然后与菲佣输入的国家和地区进行协商谈判，令其必须满足解除禁令的一切雇佣条件，只有这样菲律宾才会同意向该国输送菲佣，这些条件包括建立和提高菲佣的就业标准等。

2.4 "产、学、研"融合发展

菲律宾家政"产、学、研"的融合发展是指菲律宾家政企业、家政高等教育、家政研究机构三方协同，融合发展，共同打造菲佣。

以菲律宾国立大学家政学院为例，其家政学学科发展具有三个方面的特点：一是以提升家庭幸福指数为目的来确立家政学学科的发展定位；二是以个人、家庭和社会的需求为中心设置家政学专业体系；三是家政学学科发展贯穿"产、学、研"一体化理念。在家政学院，家政教育系授予包括家政学理学学士学位、家政学硕士学位和家政学哲学博士学位3种学位，家庭生活和儿童发展系授予包括家庭生活和儿童发展理学学士学位、儿童早教学士学位、家庭生活和儿童发展硕士学位3种学位，食品科学营养学系授予包括社区营养学理学学士学位、食品技术理学学士学位、食品技术理学硕士学位、食品科学理学硕士学位、营养博士学位、食品学博士学位6种学位，服装、纺织与室内装饰系授予包括服装工艺理学学士学位、室内装潢理学学士学位以及室内装潢硕士学位3种学位，餐厅、酒店与公共管理系授予包括餐厅、酒店与公共机构管理学理学学士学位和食品服务管理硕士学位2种学位。

此外，家政学院还建有众多的实践基地，以及一流的航空食品加工厂、儿童发展中心、室内装潢和工艺品实验大楼等。

家政学院在家政学科发展中还构建了"产、学、研"三位一体、协同发展的教育机制。在教学研究方面，家政学院不仅拥有科学的课程设置和课堂教育，还设有设施完备的研究中心、人才培养基地以及实践基地，为各个专业都提供了高水平、高质量的研究条件和实践环境。学院设有实验大楼、餐厅、茶室、食品加工厂以及儿童发展中心等实践基地，这些配套硬件设施的建设有效地保证了学生不仅只是学习理论，还可以将理论付诸实践，进行现实场景的研究和观察，从而保证家政学院所培养的人才可以直接应用于家政服务市场。

可见，菲律宾家政学科的发展已经做到了直接对接产业发展，为国际家政品牌菲佣的长盛不衰提供了有力的教育支撑。同时，家政学院在家政人才培养过程中，也会通过社区扩展项目和社会志愿服务项目来进一步拓展学生的实习实践机会，在实现高等家政教育社会服务价值的同时，助力家政教育在全社会的普及。

以家政学学士的培养为例。其大一、大二的课程主要集中于基础理论的学习，包括经济学、基础英语、数学等通识课程以及儿童发展、家庭生活与社会发展、家庭资源管理等部分专业基础课程。同时，大二阶段，学院会安排菲律宾国家服务培训计划（the National Service Training Program，NSTP）的相关内容，开始训练学生的实践能力。大三阶段的培养则主要集中于家政专业课程的学习，专注提升学生专业知识储备，覆盖多个非常细化的专业领域。大四阶段，学院会更加注重实操技能的训练，不仅安排有"学校餐饮服务中心管理实习"和"家政教学实习"两段集中实习，还设有"成人和校外青年家政项目"，有效保证了学生可以将理论付诸实践，直接进行现实场景的职业技能锻炼。此外，家庭资源管理、婚姻与家庭关系等课程的设置，更是体现出其培养目标不仅是职业技能扎实的专业家政服务人员，更是可以在家政工作中切实为雇主营造美好生活的高端家政服务人员。

培训项目 3

菲式家政的主要内容及菲佣的职业素养

3.1 菲式家政的工作内容和要求细则

《菲佣工作内容和要求细则》(以下简称《细则》)来自菲律宾家政培训学校,共分13个部分,对菲佣的工作内容和要求进行了"菜单"式列举,使复杂繁多、琐碎的家政服务工作内容条理清晰,充分体现了菲式家政的职业化水平,便于菲佣在日常家政服务工作中有条不紊、专业周到地提供服务;同时,也便于雇主对菲佣的工作进行监督与评估,从而持续提升雇主的满意度。

一、《细则》的具体内容

1. 家务(隔月)

(1)有需要时可用干布清洁天花板及墙身。

(2)有需要时可清洁抽屉、柜子内部。

(3)清洁冰箱里面及外面。

(4)清洁厨房。

(5)清洁窗帘。

2. 每周工作

(1)厨房。清洁墙砖、窗及窗框、抽油烟机、烤箱、微波炉、垃圾桶、柜面、置物架。

(2)浴室。清洗墙砖,清洁门口及门框,清洁窗户、排风扇、镜子、浴室柜内外及玻璃架,清洁热水器外表面、浴帘、洗衣机的内外部(包括洗衣液储存格)。

(3)客厅、餐厅及卧室。清洁所有门、窗及框,擦拭电视、音响、空调、风扇等电器及衣柜,更换并清洗床单、床笠及枕套,清洗垫子套,清洁小孩的床。

(4)其他。清洁婴儿车及玩具,清洁梳子及刷子。清洁鞋,用鞋油刷亮皮鞋,用清洁剂或湿布清洁非皮革的鞋。

3. 日常工作指引——家务

（1）准备早餐。

（2）日常清洁。

1）厨房。用拖把清洁厨房地板，如地面有油渍，则需用清洁剂清洁；清洁碗碟；每次烹饪后，必须清洁炉灶、洗手盆、电饭煲、平底锅、煲及所有厨具；有需要时清洁水壶及水瓶。

2）浴室。清洁镜子；用清洁剂清洁抽水马桶；拖洗厕所地面，如地面弄湿，必须用布抹干；要小心谨慎地清洁浴缸及洗手盆。

3）客厅、餐厅及卧室。拖地，每天用稀释的消毒液拖地并用清水擦干净；每日早晨整理好床单；所有家具及摆设均需扫尘；擦拭沙发；用清水洗干净婴儿的隔尿垫并用专用布抹干。

（3）准备午餐及晚餐。

（4）准备饮用的水并经常查看冷、热水壶中是否有水。

（5）洗衣后要熨烫及叠好衣服，必要时修补衣服。

（6）去市场采购。

（7）用干布擦拭干净雇主所穿的鞋。

（8）为窗外的盆栽／植物浇水。

（9）睡前必须清理所有垃圾并关上厨房窗户。

4. 一般整理

（1）经常保持门窗清洁并清扫灰尘。

（2）保持厨房清洁并及时整理，避免产生异味。

（3）要经常保持客厅、餐厅及卧室的整洁。

（4）将小孩玩完的玩具和物品分别放回原处。

（5）不同的抹布用于不同的用途，例如，将不同的抹布分别用于擦地、清洁家具、清洁饭桌、清洗杯子、清洗洗手盆及清洁坐便器等。

5. 烹饪及准备膳食

（1）必须彻底清洁双手后再准备食物。

（2）所有饮用的水必须达到沸腾程度才可供饮用。

（3）要学习如何备餐及烹饪，要主动学习做更多品种的饭菜。

（4）当雇主不在家时，也要为小孩提供丰富且有营养的食物，并确保他们完成用餐。

（5）不可浪费食物。

（6）如果你在烹饪时需要接听电话，必须先清洁双手。

（7）要确保所预备的饭菜能准时准备妥当。

（8）要经常清洁碗碟及厨具。

6. 洗衣及熨烫

（1）洗衣时应按照衣服上的洗衣标签标识清洗，当有需要时，要手洗名贵衣物。

（2）洗衣时，不可将容易褪色的衣物与其他衣物放在一起机洗。如有任何疑问，应向雇主问清楚。

（3）当成人衣物储满一机时可以用洗衣机洗，当婴儿的衣物沾了奶、尿液或粪便时应立即清洗。

（4）先检查衣服口袋里是否有东西，再进行清洗。

（5）要先清洁顽固污渍，再放进洗衣机内清洗。

（6）要先确认衣服是向外翻的，再放进洗衣机内清洗。

（7）熨烫男士衬衫和西装时要特别小心，对于一些特殊材质的衣物，要向雇主问清楚用多高的温度熨烫。

（8）熨好的衣服必须挂在衣柜内，或叠好后分别放在抽屉中或架子上。

（9）要时常整理衣柜及抽屉内的衣物。

（10）当有需要时，须做简单的缝补工作，如缝衬衫钮扣或包边。

7. 招待客人

（1）当有客人到访用膳时，要为客人提供干净碗碟并留意客人的饮品是否需要添加。

（2）当客人到访时，要随时留意他们的需要，如准备饮品。

（3）客人离开后，要立即收拾整理。

8. 其他

（1）每天早上七点之前起床。

（2）如有不适，要先通知雇主。

（3）易碎物件应小心轻放，如不小心打烂，雇主有权要求赔偿，并于工资内扣取相应的金额。

（4）如发生任何意外或做错事，应立即向雇主汇报。

（5）不可擅自使用雇主的钱财和物品；不可在小孩面前吃零食；未经雇主同意，不可将你的食物给孩子吃。

（6）不可未经雇主同意拿取屋内的任何物品，否则，如有任何贵重物品遗失，雇主会立即报警。

（7）不可未经雇主同意擅自离开房屋。

（8）严禁带朋友或亲属进入雇主屋内或留他们过夜。

（9）在工作时间内，不允许打私人电话。如有紧急的电话，也应限于五分钟内讲完。

（10）不可使用雇主电话拨打长途或接听受话者付费的电话。

（11）不可于工作时间内看书或写信，可在休息时间或假期内进行。

（12）按照雇主的指示处理家务及照顾婴儿，如有需要，可用笔记下重点或向雇主问清楚，以确保能清晰明白雇主的吩咐。

（13）当被雇主责备时，不可露出不悦之色。因为自己的工作没有达到完美，适当的责备能有助于改善工作表现。

（14）不可在工作时埋怨，不可赌博。

（15）不可向雇主预支工资。

（16）不可向你的雇主、朋友及财务公司借钱，如雇主发现你向外面的财务公司借钱，可立即解雇你。

（17）不可用你的护照作为抵押去借钱，所有证件和文件，如护照、合约及身份证都应留存副本，并与原件分开，存放于安全的地方。

（18）在未获得雇主同意时，不可将雇主的地址和电话用于任何用途。

（19）严禁吸烟。

（20）在任何时间、任何地点都不可饮酒和吸毒。

（21）未经雇主同意，不可擅自开空调、看电视和听收音机。

（22）当你独留在家（或与婴儿一起）时，要保持大门关闭，但不可锁紧大门，以免雇主不能进入。

（23）节约用水及能源，少用清洁剂。

（24）当洗衣机装满衣物时才开动。

（25）电灯及风扇用后要记得关掉电源。

（26）每日只需用水或稀释后的清洁剂进行清洁，对于顽固的污渍再用清洁剂。

9. 紧急事故

无论发生任何紧急事故，都应立即通知雇主以寻求明确的指示。但若发生火警，应立即带婴幼儿离开房屋，到达安全的地方后再致电给雇主或拨打火警电话。

10. 照顾小孩

（1）要对小孩有耐性并随时留意他的需求。

（2）自小孩起床后，便要对其细心照料，陪他玩耍、说话、唱歌及阅读。

（3）准时喂婴儿吃奶，不可用微波炉或用沸水加热奶瓶内的奶，饮剩的奶应丢弃。

（4）每次喂奶后，要用蘸湿凉开水的毛巾清洁婴儿的嘴、脸、手及手指。

（5）奶瓶及奶嘴在使用前必须消毒。喂奶后，要立即用清水清洁奶瓶及奶嘴，并用刷子刷干净。

（6）定时检查婴儿的尿片，如果尿片已湿，必须立即更换并彻底清洁婴儿的屁股。如隔尿垫被尿液和粪便弄污，要立即清洗。

（7）准备一本记事簿，记下婴儿的吃奶时间、饮奶量、饮水量等，以及换尿片、睡觉的时间。

（8）每天下午替小孩沐浴（夏天每日两次）。沐浴必须在小孩进食前或进食后一小时进行。

（9）将小孩的脏衣服放进脏衣篮并挂好毛巾，沐浴后要立即清洁小孩的浴盆和玩具。

（10）若你与小孩同房，如小孩哭，你必须立即起床照料。

（11）凡抱小孩、喂奶前、清洗奶瓶及换尿片前后，必须用肥皂彻底清洁双手。

（12）外出回来后，必须更换干净的衣服才能照料小孩。

11. 小孩安全

（1）绝不可打、摇或做任何危害雇主小孩的举动，如发生，雇主可立即报警处理。

（2）不可让小孩独自逗留在家中，因为这是非常危险且不合法的做法，如出现上述情况，你会被立即解雇。

（3）不可与雇主的新生婴儿同睡。

（4）当你做家务时，必须确保雇主小孩在安全的地方（或床上），并且没有任何危险。

（5）要避免小孩进入厨房及厕所等地方。

（6）当处理沸水或利器时要特别小心。

（7）记住千万不可遗漏任何私人物品或物件在小孩的床上，以免弄伤小孩。

（8）在晚上，仍需要留意小孩是否需要随时照料。

（9）在准备食物及喂孩子进食前，必须清洁双手，在任何情况下都不可将不洁净的食物、零食给雇主小孩吃。

（10）未得到雇主准许，不可将任何药物给小孩服用。

12. 个人卫生及衣着

（1）要注意你的个人卫生，例如，替小孩换尿片前后、准备食物前及如厕后都要洗手，每天洗澡，起床后要立即洗脸和刷牙。

（2）头发不可过长，要保持头发干净整齐，要经常洗头发和梳头发。

（3）要保持指甲干净，不可留长指甲。不可在手指和脚趾涂指甲油，不可在工作时间内化妆。

（4）每天更换衣物及内衣裤。

（5）每天手洗你的内裤及袜子。

（6）除非雇主容许你的衣服可以和雇主家人的衣服一起洗，否则，你应单独手洗自己的衣服。

（7）卫生巾要包好再扔进垃圾桶。

（8）若你与小孩同房，要经常保持睡房清洁及空气流通，房门要全天敞开。

（9）雇主会给你安排抽屉用于存放你的私人物品，不可未经雇主同意占用其他地方或抽屉。

13. 工作态度

（1）要对雇主、雇主的家人和朋友有礼貌，并要向他们打招呼，如早安、午安、晚上好、晚安。

（2）凡事都要说谢谢。

（3）对小朋友说话要亲切友善，并多留意小孩想要表达什么及需要什么。

（4）必须诚实、服从、有礼、坦诚、主动及勤奋，应时常保持愉悦的心情及会心的笑容。

（5）应该与雇主分开进食或于雇主用餐后再进食。当需要额外食物或零食时，须得到雇主的同意。

（6）当有客人探访时，要有礼貌地接待，主动招呼客人并用双手递上饮品。

（7）不明白雇主的指示时，应向雇主问清楚，说"先生／夫人，对不起，可否重复一次"，以确保你的表现能达到雇主的要求。

（8）接电话时要有礼貌，如雇主或雇主的家人不在家，可以叫对方留下口讯。

（9）不可躺在沙发或雇主的床上。

（10）要敲门并得到雇主的同意后才可进入雇主的房间。

二、《细则》的特点

1. 有利于菲佣管理好自己的工作

家庭工作琐碎、繁多，都是日常的小事，菲佣如何管理好自己的工作，需要有规范，《细则》提供了具体的方法。其价值在于：

（1）《细则》便于菲佣有计划地完成自己的工作任务。《细则》确定了每天、每周、每月的工作内容；分配了每项任务的先后顺序；规划了每项任务或一系列任务的时间线。使菲佣知晓任务的最后期限并便于遵守；知晓工作安排，并在商定的时间内完成；能根据任务要求和雇主需求制订工作计划；对未完成的工作或任务做到心中有数。

（2）《细则》有利于菲佣保持、管理工作质量。《细则》能帮助菲佣与雇主商定工作需达到的标准，并监测个人的工作质量；在必要时可寻求建议和指导，以达到或保持商定的工作标准。在菲佣提供家庭服务的过程中，不管雇主是否在现场，菲佣都能提供专业周到的服务，就是因为菲佣严格履行了对《细则》的承诺。

2. 有利于雇主监督与评估菲佣的工作

《细则》有助于菲佣在雇主中建立可信度，能帮助菲佣了解和遵守雇主对家政工作可靠性、守时性以及服务的期望。因为，《细则》用"清单"明确标明了菲佣的工作内容和要求。有了这些《细则》，雇主就有了监督和评估菲佣工作质量的有效工具。对菲佣而言，当雇主对服务不满意的时候，菲佣能很快地找到工作中可能存在的问题，并根据雇主的需求和建议进行服务补救，同时将存在的问题记录下来，以免再次发生，从而不断建立与雇主的信任，持续提升雇主的满意度。这是菲佣成功的法宝之一。

3. 有利于菲佣提供职业化的家政服务

《细则》还对菲佣的"个人卫生及衣着""工作态度"作出了规定，这些规定强化了菲佣的职业化程度。毕竟家政服务工作是一种合法的正当的职业，尤其对菲佣而言，是一种令人尊敬的荣耀的职业。菲佣之所以能赢得雇主的认可与尊敬，就在于菲佣以自己的坚忍、勤劳、专业服务、微笑服务满足了雇主家庭对美好生活的向往。

3.2 菲式家政的服务流程及内容

菲式家政的服务内容涵盖家政服务需求的各个方面,即清洁客厅、餐厅、卧室、厕所、浴室和厨房;清洗和熨烫衣物;准备冷热餐与食物;提供餐饮服务;为家中的婴幼儿、儿童、老年人、有特殊需要的人提供护理和支持;协助照顾动物、提供动物常规卫生护理;修剪景观植物、进行除草和栽培、给植物浇水、控制和预防植物病虫害等。菲式家政服务将这些服务全部实现了科学化、标准化、流程化,并能根据雇主的需求情况提供定制化服务。

在菲式家政中,其服务内容已经细分为一个个具有独立功能的工作任务,即菲式家政服务内容实现了精细化或服务内容标准化,让无形的家政服务"有形化"。这样可以规范菲式家政的服务质量,提升家政服务质量的可预测性,进而有利于强化对服务质量的管控与评估,同时,也为菲式家政服务培训与技术认证提供了科学依据。

在菲式家政中,还综合考虑了服务内容涉及的具体家具、用品材料、服务方式或活动。需要家政服务的雇主家庭千差万别,必然会涉及不同的服务方式或活动。因此,菲佣会根据雇主家庭的差异性和特殊性,提供定制化服务。

在菲式家政中,为了提供稳定可靠的高质量服务,在提供每项服务内容及服务涉及的物品或事项时,还精确列出了完成每项服务内容所需要的关键服务能力、服务知识、服务技能、支持资源以及对每项服务质量的评估方法与评估场景等。

菲式家政服务的流程标准/业务标准/服务内容具体如下。

一、清洁客厅、餐厅、卧室、厕所、浴室和厨房

共计 41 项流程标准/业务标准/服务内容。

1. 清洁表面和地板（8项）

（1）根据地面和表面垃圾的类型，选择并使用适当的清除/清洁设备、用品和技术。

（2）按照程序从表面清除所有垃圾。

（3）根据确认的地板类型和表面纹理，选择和应用合适的维护程序。

（4）按照标准操作程序进行清扫、清洁和抛光。

（5）按照安全程序和产品说明使用清扫、清洁、抛光工具和设备。

（6）使用后按照相关的安全程序和产品说明清洗设备。

（7）按照标准操作程序储存所有的工具和设备。

（8）按照标准操作程序进行日常维护。

2. 清洁家具和固定装置（5项）

（1）按照标准操作程序清洁家具和固定装置。

（2）基于舒适、方便及房间的布局摆放家具。

（3）按照相关的安全指示和产品说明清洗工具和设备。

（4）按照标准操作程序储存清洁工具和设备。

（5）按照标准操作程序进行日常维护。

3. 整理床铺和婴儿床（4项）

（1）按照标准操作程序，对床垫进行通风、除尘和吸尘处理。

（2）按照标准操作程序更换脏的床单和枕套。

（3）在更换床单时，按照标准操作程序将床单放在床的中心位置。

（4）按照标准操作程序整理床铺和婴儿床。

4. 清洁厕所和浴室（8项）

（1）按照标准操作程序和技术，清洁天花板和墙壁。

（2）按照标准操作程序擦拭干净窗边和窗台。

（3）按照标准操作程序和技术，对浴盆、盥洗室和马桶进行擦洗和消毒。

（4）按照标准操作程序和技术清洗和清洁配件。

（5）按照标准操作程序补充浴室用品，更换有缺陷的配件。

（6）使用设备后，按照产品说明清洗设备。

（7）按照标准操作程序将所有清洁工具和设备存放在安全的地方。

（8）按照标准操作程序进行日常维护。

5. 消毒房间（6项）

（1）按照相关安全规定准确计量和混合消毒剂。

（2）根据环境要求处理多余的消毒剂混合物。

（3）按照标准操作程序消毒房间。

（4）使用设备后，按照产品说明清洗设备。

（5）按照标准操作程序将所有清洁工具和设备存放在安全的地方。

（6）按照标准操作程序进行日常维护。

6. 保持洁净的房间环境（4项）

（1）按照产品说明，对所有清洁用具和设备进行检查与维护。

（2）按照雇主的要求清除和处理垃圾。

（3）按照标准操作程序移开所有可移动的家具和配件，彻底清洁隐藏的灰尘和污物。

（4）根据雇主的要求，定期检查房间的整洁度。

7. 清洁厨房（6项）

（1）按照标准操作程序清洗脏的碗碟、厨房用具。

（2）按照标准操作程序储存清洁/干燥的餐具与厨房用具。

（3）按照标准操作程序清洗厨房用具。

（4）按照标准操作程序擦拭厨房装置、桌子和椅子。

（5）按照标准操作程序拖地和擦干地板。

（6）按照标准操作程序检查和补充厨房用品。

二、清洗和熨烫衣物

共计26项流程标准/业务标准/服务内容。

1. 检查和分类（3项）

（1）根据质地、颜色、尺寸等对脏的衣物进行分类。

（2）根据所需的清洁过程和对衣物需求的紧迫性，对分类的衣物进行清洗顺序的排序。

（3）使用合适的针线对有破损的衣物进行缝制／缝合。

2. 清除污渍（4项）

（1）按照标准操作程序佩戴个人防护用品。

（2）按照产品说明使用去污剂和化学品。

（3）使用正确的去污剂和化学品对污渍进行处理和清除。

（4）按照安全程序储存去污剂和化学品。

3. 准备好洗涤设备和用品（3项）

（1）随时清洁洗衣区并做好洗衣准备。

（2）准备好洗衣用品和工具，并能够随时提供。

（3）按照产品说明检查洗衣机并准备操作。

4. 洗衣（10项）

（1）按照标准操作程序选择正确的洗涤方法。

（2）按照衣物标签上的洗涤说明洗涤衣物。

（3）洗衣设备的使用应符合产品说明。

（4）按照标准操作程序洗涤衣物，去除污点、灰尘和难闻的气味。

（5）将洗过的衣物晒干或用机器烘干。

（6）确保干燥的衣物没有难闻的气味和静电粘附。

（7）按照安全操作程序清洁洗衣区。

（8）使用设备后，按照产品说明清洗设备。

（9）按照安全程序储存清洁工具和设备。

（10）按照标准操作程序进行日常维护。

5. 烘干衣物（3项）

（1）按照程序对洗过的衣物进行干燥。

（2）按照标准操作程序准备烘干机。

（3）按照标准操作程序烘干衣物，并在烘干机铃声响起或停止时取出干燥的衣物，以防止衣物出现褶皱。

6. 熨烫衣物和床单（3项）

（1）按照标准操作程序进行熨烫。

（2）折叠起熨烫过的衣物，放在衣架上，并按照指示存放在指定的柜子里。

（3）按照安全程序将熨烫设备存放在适当区域。

三、准备冷热餐与食品

共计38项流程标准／业务标准／服务内容。

1. 根据菜谱准备食材（4项）

（1）按照采购清单购买原料。

（2）按照标准操作程序检查食材准备的情况。

（3）按照解冻程序准备解冻。

（4）根据菜谱准备肉类、蔬菜和海鲜。

2. 根据菜谱烹饪菜肴（7项）

（1）按照菜谱烹制汤。

（2）按照菜谱烹制蔬菜菜肴。

（3）按照烹饪方法烹饪肉类菜肴。

（4）按照菜谱烹制家禽和野味菜肴。

（5）按照菜谱烹制海鲜菜肴。

（6）按照雇主的偏好烹制菜肴。

（7）按照菜谱烹制面食、谷物和豆类。

3. 递送熟食菜肴（4项）

（1）食用份量标准化。

（2）根据标准操作程序制定烹调菜肴的递送方式。

（3）按照标准操作程序检查食品质量。

（4）根据食物的温度要求，确保食用前食物的温度合适。

4. 准备酱汁、调味品和装饰品（1项）

在按照标准操作程序准备酱汁、调味品和装饰品之前，准备好食材、设备和用具。

5. 准备开胃菜（3项）

（1）根据雇主的要求和喜好准备开胃菜。

（2）根据雇主的要求准备蛋糕，满足雇主的喜好。

（3）根据雇主的要求和喜好进行准备。

6. 准备甜点和沙拉（6项）

（1）按照标准操作程序准备用于烹饪的材料、设备和用具。

（2）按照标准操作程序准备雪糕、冰块和冰淇凌。

（3）按照标准操作程序准备水果甜点。

（4）按照标准操作程序准备糕点甜点。

（5）按照标准操作程序准备慕斯。

（6）按照标准操作程序准备冷沙拉和成型沙拉。

7. 准备三明治（4项）

（1）按照标准操作程序准备热三明治。

（2）按照标准操作程序准备拌制色拉的调料。

（3）按照标准操作程序准备热酱汁。

（4）按照标准操作程序准备冷酱汁。

8. 储存多余的食物和食材（4项）

（1）按照标准操作程序储存未食用的熟食。

（2）根据雇主的要求储存多余的食材。

（3）按照标准操作程序使用适当的冷藏方法。

（4）按照标准操作程序正确储存干、湿食品和配料。

9. 转换未食用的熟食（5项）

（1）按照标准操作程序将未吃完的熟食转换成/转化为新的菜肴。

（2）按照标准操作程序将未食用的熟食进行储存或冷冻。

（3）按照标准操作程序将包装/包裹好的未煮熟的食品进行冷冻。

（4）按照标准操作程序储存和包装食物。

（5）按照标准操作程序将未烹调的食物在适当的温度下进行保存。

四、提供餐饮服务

共计23项流程标准/业务标准/服务内容。

1. 准备好用餐区（5项）

（1）按照标准操作程序，在服务前检查餐饮区的清洁度。

（2）视情况准备和调整餐饮环境，确保用餐的舒适性和氛围。

（3）按照标准操作程序摆设餐饮区的家具。

（4）随时检查桌子的摆放是否稳定，以及是否便于雇主使用。

（5）按照标准操作程序对设备进行检查，并为提供服务做好准备。

2. 布置餐桌（4项）

（1）铺设的桌布没有折痕并符合规定程序。

（2）按照标准操作程序布置餐桌。

（3）按照餐巾纸折叠标准折叠餐巾纸。

（4）按照标准操作程序布置餐桌中心区的物品。

3. 提供食物和饮料（6项）

（1）在食物食用前检查其完整性。

（2）将食物放在托盘上，用左手托住托盘传递，并符合食物和饮料的供应程序。

（3）按照标准操作程序，食物应从用餐人员的左侧上桌，使用左手上菜。

（4）按照标准操作程序，应从用餐人员的右侧给水杯续水，水不能溢出水杯。

（5）将饮料从酒吧/厨房拿出时，检查其包装是否完整。

（6）按照标准操作程序，从正在服务的用餐人员右侧提供托盘上的饮料。

4. 清理餐桌（8项）

（1）按照标准操作程序，礼貌地询问雇主及其家庭成员是否用餐完毕。

（2）从用餐人员的右侧拿走用过的餐具，按照标准操作程序送至清洗区域。

（3）按照标准操作程序去除桌上的食物残屑。

（4）按照标准操作程序，从餐桌上取下侧板和刀具。

（5）按照标准操作程序，将调味品、调酒器和其他物品从餐桌上清除。

（6）按照标准操作程序更换烟灰缸。

（7）按照标准操作程序，有礼貌地询问雇主是否还有其他要求。

（8）按照标准操作程序，随时关注雇主的需求，直至用餐人员离开用餐区。

五、护理照顾婴幼儿

共计14项流程标准/业务标准/服务内容。

1. 安慰婴儿和学步儿童（3项）

（1）根据婴儿和学步儿童的需要，准备好工具和设备。

（2）用适当的方法、活动和非语言提示，帮助处于困境的婴儿和学步儿童。

（3）按照程序抱起或拥抱婴儿和学步儿童。

2. 给婴幼儿洗澡和穿衣（4项）

（1）按照程序检查婴幼儿的生命体征。

（2）按照要求检查洗澡用的水量和水温。

（3）按照程序给婴幼儿洗澡。

（4）在需要的时候，安慰婴幼儿。

3. 给婴幼儿喂食（2项）

（1）根据需要对婴幼儿的奶瓶进行清洗和消毒。

（2）按照规定准备配方奶。

4. 安抚婴幼儿入睡（2项）

（1）按照程序准备婴幼儿的婴儿床。

（2）按照程序安抚婴幼儿入睡。

5. 加强婴幼儿的体能、智力、创造性和情感活动的锻炼（3项）

（1）为了交流和互动，让婴幼儿多接触家庭成员、亲戚和玩伴。

（2）根据需要为婴幼儿提供操作性或创造性强的玩具和游戏。

（3）按照要求，让婴幼儿进行锻炼活动。

六、护理照顾儿童

共计13项流程标准/业务标准/服务内容。

1. 培养儿童个人卫生习惯（3项）

（1）按照既定程序，向儿童说明如何做好个人卫生。

（2）按照健康和安全程序，向儿童示范培养个人卫生习惯的做法。

（3）按照程序维护儿童用具的清洁卫生。

2. 给儿童洗澡和穿衣（6项）

（1）按照程序在洗澡前检查儿童的生命体征。

（2）按照程序准备沐浴用具。

（3）检查洗澡水量和水温。

（4）协助儿童根据天气状况选择合适的衣物。

（5）在适当和可能的情况下，尊重和遵循儿童的喜好与决定。

（6）按照程序，适当协助洗澡时有行为困难的儿童。

3. 为儿童提供食物（4项）

（1）根据儿童所处的发育阶段，确定他们的营养需求。

（2）根据儿童的营养和文化需求准备菜单。

（3）根据儿童的健康需求和喜好，充分、适当地准备并提供开胃食物和饮料。

（4）按照程序喂养儿童。

七、护理照顾老年人

共计19项流程标准/业务标准/服务内容。

1. 与老年人建立并保持适当的关系（4项）

（1）向老年人进行自我介绍。

（2）礼貌对待老年人，保护其隐私，尊重其生活习惯、宗教信仰，不泄露其个人信息。

（3）支持和尊重老年人享有的权利、自由和作出的决策。

（4）鼓励在建立、发展和保持融洽关系方面与老年人进行简短的人际交流。

2. 为老年人提供适当的支持（4项）

（1）根据老年人的需求、权利、自我决定和个体差异提供所有的支持。

（2）鼓励和支持老年人适当参加教育、娱乐、宗教、社会和精神文化活动。

（3）随时为老年人提供帮助，以维持一个安全和健康的环境，包括尽量避免老年人的身体发生危险或有感染的风险。

（4）按照既定程序，对老年人可能遇到的健康和安全风险情况提供适当的应对。

3. 为老年人的个性护理需求提供帮助（4项）

（1）通过与老年人协商确定他的个人喜好，并按照既定程序制订执行计划。

（2）支持和鼓励老年人在不影响自己和他人安全的前提下，按照既定程序行使自己的权利。

（3）按照既定的程序，进行简短的人际交流，保持互动，以进一步确定老年人的喜好。

（4）安排时间有效地倾听老年人的需求，最大限度地提高他的生活幸福感。

4. 为老年人的护理需求提供帮助（7项）

（1）确定老年人的个人护理需求（日常生活所需的辅助工具），并提供帮助。

（2）与老年人反复沟通，以确定在满足其个人护理需求方面遇到的困难，以便有效消除其顾虑。

（3）确定并酌情使用为老年人提供帮助的辅助设备。

（4）遵循组织的管理制度，按要求提供老年人的相关健康报告。

（5）帮助老年人增强其自尊心和信心。

（6）观察老年人的个人护理需求并为其提供服务。

（7）在被照顾的老年人感到悲痛或遭受到损失时，对其表现出同情心。

八、护理照顾有特殊需要的人

共计 21 项流程标准 / 业务标准 / 服务内容。

1. 与有特殊需要的人建立和保持适当的关系（4 项）

（1）与有特殊需要的人打交道的目的是建立一种信任关系，包括保护其隐私、尊重其选择权和决策权。

（2）在护理有特殊需要的人的过程中，要表现出对个体差异的尊重。

（3）维护和支持有特殊需要的人的利益、权利和决策。

（4）积极鼓励和支持有特殊需要的人交流其想法、感受和喜好。

2. 为有特殊需要的人提供适当支持（4 项）

（1）根据有特殊需要的人的需求、权利和自我决定，向其提供所有支持。

（2）根据服务机构的操作指南，向残疾人提供帮助。

（3）根据有特殊需要的人的需要，确定和提供其所需要的信息。

（4）对个体差异的反应和局限有所认识，并寻求适当的援助，以维护有特殊需要的人的权利。

3. 协助维护有特殊需要的人的权益（5 项）

（1）确保有特殊需要的人生活在清洁、安全和舒适的环境里。

（2）按照健康和安全的规定，及时处理健康和安全风险。

（3）积极鼓励有特殊需要的人练习自我表达。

（4）以专业、非威胁性和非批评性的方式给予有特殊需要的人应该享有的权利和责任。

（5）帮助有特殊需要的人展示他的成就和成绩。

4. 协助有特殊需要的人识别和满足他的需要（3 项）

（1）维护有特殊需要的人在需求方面的尊严、隐私和个人选择。

（2）帮助有特殊需要的人针对性地制订、选择适合的护理方案。

（3）帮助有特殊需要的人按照护理方案实现他的护理需求。

5. 协助有特殊需要的人保持一个能够最大限度独立生活的环境（5项）

（1）对有特殊需要的人的挑战行为的类型、频率和触发因素进行识别、评估和研究。

（2）按照安全规定，制定并实施预防和管理其挑战性行为的策略。

（3）鼓励和支持有特殊需要的人表达自我。

（4）鼓励和支持有特殊需要的人独立思考（如作决定、提意见和谈个人喜好）。

（5）帮助有特殊需要的人独立。

九、协助照顾动物

共计13项流程标准／业务标准／服务内容。

1. 明确在工作场所的工作任务（4项）

（1）使用行业术语描述和识别动物护理工作场所的相关活动。

（2）确定在动物护理工作场所要做的工作任务，并按照对动物健康的重要性进行排序。

（3）识别与动物一起工作时潜在的职业健康风险和安全风险，并确认工作要求。

（4）与主管确认日常工作场所的信息和相关要求。

2. 保持工作场所的清洁（3项）

（1）按照工作场所的规定，清洁地板、长椅和其他区域。

（2）按照工作场所的规定，清洁动物饲养区。

（3）按照工作场所的规定，处理废弃物和脏污的被褥。

3. 协助喂养动物（4项）

（1）根据动物特定的饮食需求，对食品进行识别和分类。

（2）准备好用于分配食品的设备，以便使用。

（3）在准备和分配膳食方面，请有经验的工作人员提供帮助。

（4）按照既定程序，对设备和材料进行清洁和储存。

4. 报告动物的行为和健康状况（2项）

（1）确定动物行为的特点。

（2）识别动物健康、生病或痛苦的迹象，并将其行为和健康状况报告给主管。

十、提供动物常规卫生护理

共计24项流程标准/业务标准/服务内容。

1. 确认动物护理例行时间表（3项）

（1）确定每日、每周和定期的动物护理例行时间表，并与主管确认。

（2）明确个人的工作职责。

（3）按要求更新和收集动物护理时间表与记录文件。

2. 检查动物（5项）

（1）明确在（轮班）家务劳动时，每个人负责的动物。

（2）通过记录或口头报告进行核实。

（3）在开始（轮班）家务劳动时，对动物进行计数，并注意其基本行为。

（4）将动物数量、行为或状况的变化报告给主管。

（5）检查个人负责的动物状态并向主管报告。

3. 保持工作场所的清洁（5项）

（1）按照工作场所的规定，清洁地板、长凳和其他区域。

（2）按照工作场所的规定，清洁动物饲养区。

（3）按照工作场所的规定，处理废弃物和脏污的被褥。

（4）鉴定和报告房屋及设备的损坏情况。

（5）完成清理后的操作。

4. 动物卫生护理流程（5项）

（1）确定并实施动物卫生护理方法。

（2）进行基本的动物卫生检查，确定动物的需求。

（3）在监督下给动物洗澡或清洗。

（4）根据个别动物的需求确定梳理技术。

（5）在监督下根据动物个体的需要梳理动物毛发。

5. 完成动物卫生护理的后期工作（6项）

（1）将动物送回房舍。

（2）清洁和储存设备。

（3）清洁、检查和储存梳理工具。

（4）要将损坏的工具报告给主管。

（5）按照工作场所的规定，对用品进行计数和记录。

（6）按要求更新工作场所的相关文件。

十一、修剪景观植物

共计18项流程标准/业务标准/服务内容。

1. 识别修剪和修剪要求（5项）

（1）根据景观维护标准，识别景观植物及其需要修剪的部分。

（2）根据景观维护标准，确定修剪的目的和方法。

（3）对现场进行规划，并与有关人员协商放置公用设施的位置。

（4）在与有关人员协商时，决定是否进入现场。

（5）识别职业健康危害和安全危害，评估风险并向有关人员报告。

2. 准备进行修剪作业（3项）

（1）工具、用品和设备的准备要符合工作要求。

（2）根据产品说明和行业工作惯例，对工具和设备进行操作前的安全检查。

（3）按照规定，正确选择、使用和维护个人防护设备。

3. 进行修整和修剪（5项）

（1）在工作期间和工作间隙，在现场周边放置安全和警告装置。

（2）根据工作计划和景观维护标准，对景观植物进行修剪。

（3）使用规定的工具和设备对景观植物进行修整和修剪。

（4）根据景观维护标准，在修剪的伤口上使用杀菌剂/复合剂。

（5）使用规定的个人防护设备执行作业。

4. 进行后期工作（5项）

（1）根据环境标准和景观维护标准，收集和处理现场的修剪垃圾。

（2）在提升或移动重物时，使用推荐的人工搬运技术。

（3）按照景观维护标准，清洁、维护和储存工具与设备。

（4）整个工作过程中和工作完成后，要保持区域清洁和安全。

（5）根据行业惯例，对工作成果进行记录并向有关人员报告。

十二、除草和栽培

共计18项流程标准/业务标准/服务内容。

1. 确定除草和栽培作业的要求（2项）

（1）根据指示或景观维护标准，识别景观中不合适的植物。

（2）根据指示或景观维护标准，确定需要进行除草和栽培的景观区域。

2. 为除草和栽培作业做准备（4项）

（1）准备好需要清除和栽培的植物清单以及特定景观区域的地图。

（2）根据杂草种类决定除草的方法。

（3）根据需要清除的杂草种类准备好所需的工具、用品和设备，以供使用。

（4）准备好适当的安全保护装置，以备使用。

3. 进行除草（3项）

（1）按照指示或景观维护标准，清除景观中的杂草和不合时宜的植物。

（2）使用规定的工具和设备清除杂草。

（3）使用适当的安全保护装置完成任务。

4. 压实土壤（3项）

（1）确定需要压实的土壤，或在通气、水渗透和植物根系发育方面有问题的土壤。

（2）确定压实的土壤对植物根系发育的影响是符合要求的。

（3）根据土壤的条件确定土壤耕作的方法。

5. 耕作压实的土壤（3项）

（1）根据指示或景观维护标准，耕作压实的土壤，同时进行除草作业。

（2）使用适当的工具和设备进行土壤耕作。

（3）使用规定的安全保护装置执行作业。

6. 进行后期工作（3项）

（1）根据景观维护标准，对工具和设备进行清洁、维护与储存。

（2）在整个工作过程中和工作完成后，要保持区域清洁和安全。

（3）根据行业惯例，记录工作成果并向有关人员报告。

十三、浇灌景观植物

共计11项流程标准/业务标准/服务内容。

1. 确定浇灌景观植物的要求（2项）

（1）明确水对景观植物生长的重要性以及水压（少水或多水）对植物的影响。

（2）应用一些视觉上可观察到的植物和土壤条件，识别因浇水少或浇水多而受影响的景观植物。

2. 为浇灌做准备（3项）

（1）根据指示或景观维护标准，确定需要浇灌的植物数量和频率。

（2）根据使用的浇灌方法，准备所需的工具、用品和设备。

（3）准备好规定的安全保护装置，以供使用。

3. 对植物进行浇灌（3项）

（1）按照基本原则、标准惯例或指示对植物进行浇灌。

（2）选择适合所选方法的灌溉工具和设备进行浇灌。

（3）使用规定的安全保护装置执行作业。

4. 浇灌后的工作（3项）

（1）根据景观维护标准，对工具和设备进行清洁、维护和储存。

（2）在整个工作过程中和工作完成后，要保持区域清洁、安全。

（3）根据行业惯例，对工作成果进行记录或向有关人员报告。

十四、控制和预防植物病虫害

共计 15 项流程标准 / 业务标准 / 服务内容。

1. 确定预防和控制植物病虫害的要求（5 项）

（1）根据植物状况、症状、体征以及其他侵扰和感染的表现，确定被侵害和患病的景观植物。

（2）使用通用分类指南对病虫害进行识别和分类。

（3）了解害虫的生命周期或从卵、幼虫、蛹到成虫的各生命阶段，以及它们的攻击或侵害方式。

（4）了解植物病虫害的生命周期或各生命阶段的症状。

（5）在与有关人员协商时，决定是否进入现场。

2. 为应用病虫害防治措施做准备（3 项）

（1）根据病虫害的类型、攻击方式以及侵害和感染的程度决定预防和控制的方法。

（2）准备好与预防和控制方法有关的工具、设备、用品和材料。

（3）根据工作要求选择安全防护设备。

3. 应用病虫害预防和控制措施（4 项）

（1）采用合适的人工和生物方法预防与控制病虫害。

（2）在使用化学和生物杀虫剂的情况下，根据病虫害的类型和侵害程度，按照景观维护标准，确定施用的频率和剂量。

（3）根据职业健康安全要求，实施植物病虫害的预防和控制措施。

（4）使用规定的工具、用品和适当的安全保护装置执行作业。

4. 执行预防和控制措施后的工作（3 项）

（1）按照景观维护标准，清洁、维护和储存工具与设备。

（2）在整个工作过程中和工作完成后，要保持区域清洁、安全。

（3）根据行业惯例，对工作成果进行记录并向有关人员报告。

3.3 菲式家政相关服务标准

TESDA 经过多年的理论与实证研究，制定了一套关于菲式家政服务的能力标准和培训标准《家政服务 NC Ⅱ》。

家政服务人员可参加由 TESDA 批准的"家政服务 NC Ⅱ"认证课程培训，评估合格后，将获得由菲律宾大使馆颁发的海外就业证书（OEC），即可出国就业。培训并不是强制性的，所以从技术上讲，家政服务人员可以直接去接受评估。如果他们没有通过评估，可以重新申请评估；如果考虑参加培训，可以选择培训中心进行培训。例如，首次在中国香港工作的菲佣，需要满足菲律宾的技能认证要求，并获得由 TESDA 监管的"家政服务 NC Ⅱ"证书。

家政服务人员需要在网上注册申请免费的评估，但是可能需要等待较长的时间，也可以联系离他们最近的 TESDA 地区办事处，寻找评估中心，了解评估和认证所需的费用。想在海外从事家政服务工作的菲律宾人，必须经过"家政服务 NC Ⅱ"认证课程培训（除非他们能够证明自己有多年的经验）。完成该课程后，将进行评估。评估费为 1 000 比索，如果没有通过评估，将不得不再次支付费用；如果通过了评估，须再支付 100 比索以获得证书。该证书是获得菲律宾大使馆颁发的海外就业证书（OEC）的必要条件，也是出国务工的必要条件。

一、菲式家政服务能力标准

1. 能力标准体系

能力标准体系包括基本能力、普通能力、核心能力、选修能力四种能力，具体涉及 20 种子能力。

（1）基本能力

1）工作场所的交流。

2）团队工作。

3）践行职业专业精神。

4）职业健康和安全程序实践。

（2）普通能力

1）保持与客户的有效联系。

2）管理自己的业绩。

（3）核心能力

1）清洁客厅、餐厅、卧室、卫生间和厨房。

2）清洗和熨烫衣物。

3）准备冷热餐（食物）。

4）提供餐饮服务。

（4）选修能力

1）护理照顾婴幼儿。

2）护理照顾儿童。

3）护理照顾老年人。

4）护理照顾有特殊需要的人。

5）协助照顾动物。

6）提供动物常规卫生护理。

7）修剪景观植物。

8）除草和栽培。

9）浇灌植物。

10）控制和预防植物病虫害。

2.《家政服务 NCⅡ》的亮点

《家政服务 NCⅡ》将菲式家政服务分解为四种能力，即基本能力、普通能力、核心能力、选修能力。且这四种能力分别具有不同的价值或者承担不同的功能：基本能力、普通能力是对菲佣的基本要求，必须熟练掌握，是成为菲佣的必要条件；核心能力是菲佣要胜任工作所必须掌握的能力，每一个菲佣，无论在何处提供家政服务，也不管雇主的需求是什么，都必须掌握这些能力，否则难以胜任；选修能力是菲佣区别于其他家政服务人员的专业能力。对一个菲佣而言，仅有基本的、普通的、核心的能力是不够的，还需要在某一项或几项家政服务细分业态拥有一技或多技之长，才能有针对性地满足雇主的职业化需求。因此，每种能力又分解为若干种子能力。这种家政服务能力体系的划分，就是将家政服务标准化。菲律宾通过家政服务标准化，进而实行家政服务职业化、规范化。这是菲式家政能够提供职业化家政服务的根本保证。

《家政服务 NC Ⅱ》不仅建立了菲式家政服务能力标准体系，还为每项"能力标准"建立了指标体系，即列出了每项能力的定义、业务指标、可能的变量、证据指南。其中，在"证据指南"中，将每项能力所涉及的关键方面、知识、技能、资源、评估方法、评估背景等都进行了严谨、详细的界定。这再次提升了菲律宾家政服务的职业化水平，更重要的是为菲律宾全国家政服务职业化的落地实施，提供了具有可操作性的行动指南。《家政服务 NC Ⅱ》真正从家政服务专业角度为家政服务业提质扩容、高质量发展提供了切实可行的行动蓝图。

二、菲式家政服务的培训标准

《家政服务 NC Ⅱ》从课程设计、培训原则、培训模式、培训招生、培训工具、设备材料到培训结果评估与培训证书发放，都制定了明确的参考标准。这样可确保家政培训职业化、规范化。此外，菲律宾政府指定评估机构对家政培训学员进行评估，并颁发统一的政府认证的证书，进一步确保了菲律宾家政培训的质量及证书的权威性。

1. 课程设计

（1）规定课程标准学习时间。基本能力：20 小时；普通能力：40 小时；核心能力：158 小时；选修能力：496 小时。总计：714 小时。

（2）进行课程描述，每项"能力"包括能力单元、学习成果、方法论和评估方法。

2. 实施培训

（1）确定10项基本培训原则。

（2）确定培训模式。

3. 确定学员入学要求

必须具备阅读和书写能力。

4. 推荐培训工具、设备和材料清单

依据培训内容、培训人数（一次培训最多25名学员）推荐数量和项目。

5. 列出培训设施

按每班招收25名学员计算。

6. 颁发"家政服务NC Ⅱ"培训资质证书

7. 确认机构评估与认证安排

3.4 菲佣的职业道德规范

菲佣的职业道德有口皆碑。《菲佣在雇主家庭的工作规范与服务守则》(以下简称《规范与守则》)是对菲佣职业道德的具体要求,其工作规范和服务守则共74条,是菲式家政几十年成功经验的积累总结,堪称家庭工作行为道德典范。

《规范与守则》中的74条规范对菲佣职业道德的具体要求包括:高度自律、专业周到、勤劳节俭、严守家私、诚实守信、爱岗敬业。

一、高度自律

在《规范与守则》中,对菲佣高度自律的要求随处可见。家政服务有其特殊性,就是家政服务人员在雇主家提供服务时,除了雇主家庭成员,没有第三方人员在工作现场,因而家政服务工作一直缺乏有效监督。这就要求家政服务人员要高度自律,无论雇主及其家庭成员是否在现场,都能严格要求自己,即使没有其他人在现场,也不做不利于雇主家庭的事情。为此,菲佣的《规范与守则》作出了具体的规定。例如:

不能在雇主的床或者沙发上坐或者休息。

冲凉时间不应超过20分钟(包括清洁和擦干浴室的时间)。

不得出于个人娱乐目的而打开电视机、VCR或计算机。

必须对每日、每周、每月的工作制订计划表,这样就能清楚明天要做什么,以及更系统地优化工作。

每天要对一天的工作进行回顾,这能帮助你提高效率和改进工作。

二、专业周到

《规范与守则》对菲佣在雇主家的服务行为作了详细的规定。例如:

工作时，要让雇主能随时看到、找到你，不要总是待在自己的房间里。

必须照顾孩子们，耐心地和他们玩耍（不是只让他们看电视）。

必须专业地完成工作，如果有不确定的事情，请咨询雇主。以下是一些建议：（1）有色衣物分开洗；（2）羊毛、软织物、丝质衣物要手洗；（3）衣物在放进洗衣机前，应去除污渍；（4）如果可以机洗，就用洗衣机洗；（5）熨烫前，分清楚衣物质地；（6）识别每个家庭成员的衣物。

照顾孩子：（1）如果雇主不在家，照顾孩子应该优先于做家务事。（2）如果孩子有任何损伤或与平日不同，都应报告雇主，哪怕只是孩子跌倒。

清洁频率：

地板：一天一次。

冰箱门：两周一次。

桌椅表面：每天。

窗户：每月一次。

厨房炉灶和墙壁：每晚煮饭后。

抽油烟机和排风扇：每月一至两次。

马桶：每天清洁。

浴室：每天冲凉后清洁。

擦鞋：黑鞋一周两次，其他的鞋两天一次。

洗衣机：每月彻底清洗一次。

换床上用品：每十天一次。

收拾床铺：每天早上或中午，雇主起床后。

清洁橱柜：每半年一次。

熨烫衣服：每次放入橱柜前。

三、勤劳节俭

家政服务是家庭事务社会化的结果，家政服务人员进入雇主家，用雇主家的用品，为雇主提供家庭事务服务。这就要求家政服务人员要把雇主的家当成自己的"家",要勤俭持家。而不能因为用的是雇主家的生活用品和经费,就随意花费。

家政服务人员要协助雇主以"量力而行、量入为出、勤俭节约、适度消费"为原则,辛勤劳动,勤勤恳恳,任劳任怨,为雇主家庭精打细算,科学合理地安排家庭经济生活,避免浪费。例如,《规范与守则》中明确规定:

在雇主家不可以打长途电话或付费电话。

所有个人的消耗品应按指示使用和收纳。

不得有挑食的习惯,不得浪费食物。

不要用餐时间太长。

要友好专业地招待雇主的客人,照顾好家里的客人。愿意在必要时做额外的工作并工作到比较晚。

帮助雇主节约资源,如省水电煤气、纸巾等。

四、严守家私

严守家私,是菲佣显著的职业道德。在《规范与守则》里有很多明确而严格的规定。在家政服务中,家政服务人员要严格尊重雇主及其家庭的隐私。尊重雇主的隐私权,不仅是对雇主人格的尊敬,也是家政服务人员应有的职业道德。这样可以避免或减少许多不必要的纷扰和矛盾。家政服务人员进入雇主家从事家庭服务工作,有的甚至24小时吃住在雇主家,是家庭中的"准成员",与雇主及家庭成员是"零距离"接触,必然会知道雇主家比较隐私的事情,包括一些家庭问题和矛盾。这就要求家政服务人员在服务中要严守家私,做到"四不":不评论、不掺和、不打探、不传播。

不评论是指对于雇主家的问题和矛盾,不宜品头论足;不掺和是指对于雇主家成员之间的矛盾,不搬弄是非、不挑拨离间,以免激化雇主家庭矛盾;不打探是指不去窥视与打听雇主家的隐私;不传播是指不把雇主的家事向外人,包括自己的家人讲述,不泄露雇主及其家庭的私人信息,尤其是那些涉及雇主人身与财产安全的信息。如果泄露雇主的隐私,造成雇主人身受到伤害或财产受到损失,不仅有违家政服务人员的职业道德，而且还触犯了法律。在这方面，《规范与守则》明确规定：

不允许泄露雇主的电话、地址给你的朋友、亲戚。

不能把朋友带回雇主家，除非提前得到允许。

不可打开或者翻查雇主的信件或抽屉。

无论任何原因都不得给陌生人开门，如送礼物等。不得把雇主的家庭信息泄露给陌生人。

五、诚实守信

诚实守信是为人处事之本。诚实是指对雇主要真心实意、实事求是、不撒谎、不欺骗；守信是指对雇主讲信用、重信誉、信守承诺、不违约、不毁约。就家政服务而言，家政服务人员尤其要认真履行服务合同，不能中途违约。在家政服务职业活动中，要真实无欺，言而有信。

诚实守信，对家政服务人员个人而言，关系到自己的信用，关系到自己能否在家政服务业中立足，能否与同事合作；对家政企业而言，关系到企业品牌形象，关系到雇主的忠诚度。诚实守信是家政服务人员及家政企业发展的生命线。《规范与守则》中明确规定：

作为一个合格的家庭管家，你必须做到以下几点：（1）诚实不撒谎；（2）忠心；（3）不自私；（4）尊重雇主，不争执；（5）努力完成雇主的要求；（6）为雇主着想；（7）接受批评时不表现出不满、不耐烦，要遵从；（8）若有必要，要愿意牺牲你的利益；（9）不要骄傲和有偏见；（10）喜爱和融入雇主的家庭；（11）不说闲话。

六、爱岗敬业

爱岗敬业是家政服务人员必备的基本规范，是一种对待家政服务职业的态度。爱岗是指热爱与喜欢自己所从事的家政服务工作岗位，对自己的家政服务职业饱含情感，以自己从事的家政服务业为荣；敬业是指用严肃认真、恭敬的态度对待自己所从事的职业。

爱岗敬业是一名家政服务人员职业生涯发展与事业成功的必备条件。一个爱岗敬业的家政服务人员，在家政服务活动中，能把为雇主提供服务当成自己应尽的义务和责任，即使遇到困难与挫折，也不会退缩和放弃，而是更加全身心地投入，直至雇主满意。

在菲律宾，家政服务业是受人尊敬的、令人羡慕的职业，不存在歧视现象。菲佣认为，为雇主提供有品质的家政服务是一件荣耀的事。菲佣服务家庭、热爱家政；微笑服务、快乐工作；阳光心态、主动服务；敬畏工作、自豪光荣；认认真真、尽职尽责；一心一意、精益求精；创造价值、甘于奉献；不离不弃、让雇主满意。《规范与守则》中处处都有关于爱岗敬业的规定：

在进入所要服务的家庭前，必须把头发剪短。之后，如果想留长发，可接受的长度是齐肩长，且工作时必须扎起来。

在工作日和任何节假日，都不允许留长手指甲、脚趾甲，也不允许涂指甲油。

不可佩戴珠宝，工作时不可化妆。节假日只允许化淡妆。

在工作日和节假日，要有合适低调的着装。

在休息区域禁止饮食（水除外）。

不要在工作时间唱歌、看杂志或故事书。

工作时，要让雇主能随时看到、找到你，不要总是待在自己的房间里。

作为一个好的家庭帮手，必须在工作时经常带着微笑。

培训项目 4

菲式家政的人才培养与机构管理

4.1 菲式家政教育概述

菲式家政发展水平之所以走在世界前列,一个重要原因是菲律宾家政教育发展水平非常高。菲律宾家政教育已经构建了完整的教育体系,涵盖了家庭教育,幼儿园、小学、初级中学教育,高级中学教育,职业教育,高等教育,社会机构教育等整个菲律宾国家教育体系。通过开展全民、全程家政教育,菲律宾人从小热爱家政并习得家政技能,为日后进入家政服务业打下了坚实的素质基础。

菲律宾家政教育在菲律宾国家教育体系中占据不可或缺的重要位置,其普及程度之高,远超全球水平。第二次世界大战后,美国的政治经济文化理念对菲律宾的社会发展可谓影响深远,美国的教育、人力资本理论深刻地融入了菲律宾的国家教育理念。菲律宾在独立之后的国家基础建设之初,便十分强调教育对国家经济、文化和社会发展的重要作用,菲律宾把美国的家政教育引进国内,便是最为成功的例证。

家政和家政教育起源于美国。19世纪末是美国社会、经济、科学技术突飞猛进,工业化迅速发展的时期。大工业生产使得劳动场所分离出来,中产阶级妇女的解放运动把女性们从家庭的束缚中解脱出来,她们摆脱了家务,踏入了社会,进入到各个行业。中产阶级家庭对家政服务的需求开始出现,并随着美国工业化进程而迅速扩大,家政服务开始职业化。与此同时,19世纪末20世纪初,美国进步主义教育开始对美国社会和教育产生深刻影响,主张"教育即生活""社会即学校""做中学",强调教育要适应变化着的社会及生活的需要,通过学校教育改进个人生活。

1899年9月,美国第一次家政学术会议在纽约召开,会议的主题是"促进健康、道德、进步的家庭生活是国家繁荣的基础"。此后每年举办一次年会,持续举办了十年。1909年,美国家政学协会成立并创办了《家政学研究杂志》。1918年,美国进行第一次中等教育改革，制定了实施中等教育的七大原则，即健康，掌握读、写、算等基本技能，成为有价值的家庭成员，职业效率，公民资格，有价值地利用闲暇时间，伦理品格。在协会的倡导下，美国各地纷纷建立分会，许多大学先后设立了家政系，中小学开设家政课程，美国家政教育如火如荼地在全国展开。美国家政教育最鼎盛时期，全国大约有90%的中学、三分之一的四年制大学、绝大部分社区学院和技术学院，都开设了家政学专业或家政课程。在公立学校体系的协助下，几乎所有的成人教育教学大纲均含有家政学科课程。即便是今天，家政学在美国高等教育中仍占有重要地位。在1 500多所大学中有780所设有家政系，有的还可授予硕士、博士学位。美国家政教育的发展与联邦政府、州政府、县政府的支持是分不开的，各级政府通过立法、经费、管理等手段为家政教育发展提供保障。

菲律宾家政教育体系就是在美国家政教育的深刻影响下逐步建立并发展起来的。2012—2013学年开始，菲律宾教育部发起K-12教育计划，将菲律宾教育系统从10年基础教育提升到12年。菲律宾现行教育体制为K-12基础教育体制，即1年学前教育加12年中小学教育，后者包括6年小学教育、4年初中教育以及2年高中教育。这使家政劳动意识得到启蒙和传播，国民树立起了公平职业观念，为日后培养家政服务业专业化人才打下了良好基础，进而满足了市场需求，最终造就了"菲佣"这一世界品牌。

如图4-1所示，菲律宾的教育体系呈6-6-4的结构特点，即6年初等（小学）教育，6年中等教育（4年初中教育和2年高中教育），以及4年的高等教育（医学等专业需要五年甚至更长的时间）。在这三个层级的教育中，家政教育都扮演了相当重要的角色，在中小学阶段就设置了家政教育的通识课程；在职业教育中，家政专业更是作为重点建设科目；在高等教育中，家政学还是菲律宾几所世界知名大学的王牌专业，享誉全球。

正是通过如此完备的家政教育体系，菲律宾成功地提高了全民家政劳动意识。在菲律宾，家政是一个非常有前途的职业，人们普遍尊重家政服务工作并看好这份职业的发展。许多学生会在高等教育阶段选择家政专业进行学习，为将来从事

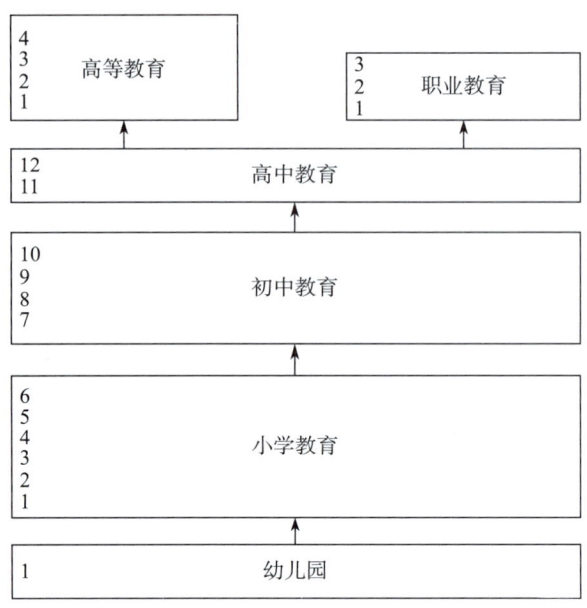

图 4-1　菲律宾教育体系结构图

家政服务业储备知识技能，提升职业素养，同时也有不少大学生选择放弃专业对口的工作，在完成国家家政职业培训后，赴海外高收入国家就业，成为"菲佣"，以谋求更高的职业收入。家政服务工作与其他工作并没有什么本质区别，只是社会分工不同。菲律宾社会已经对家政职业的价值达成广泛共识，而这些都得益于菲律宾成功的家政教育。

4.2 菲式家政教育阶段

一、基础教育阶段

1. 培养目标

菲式家政教育，可谓从娃娃抓起。在菲律宾基础教育阶段，就有明确的家政教育课程培养目标。菲律宾从幼儿园到小学二年级的课程主要是发展儿童的读、写、算基本技能；从三年级到九年级学习公共课程，突出强调劳动教育课程；四年级到六年级开设家政课，称为家政与生计教育（HELE）。家政课程教授的主题有健康与个人卫生、服装与配饰、刺绣、管理家庭、家居布置、照顾病人、为家人做饭、餐桌布置、缝纫、居家安全、创业精神、食品保鲜、计算机教育等。

菲律宾小学五年级开始增加实用工艺课，培养儿童对待劳动的正确态度并掌握劳动技术。三年级至九年级的劳动教育，主要是结合家庭、学校和社会安排一些劳动，提供多达80多种选修科目，学生在老师的指导下选择一门职业课。高中教育分为4个方向，分别是学术方向、技术—职业—生计（Technical-Vocational-Livelihood，TVL）方向、运动方向、艺术和设计方向，TVL方向课程与职业教育有一定的关联性。

菲律宾小学开设家政课的目的是创建生活实验室或整体学习的实践环境，以发展健康的个人和国家自我认同感。这需要充分了解菲律宾的历史和政治经济体系、当地文化、手工艺、艺术、音乐和游戏，其主要目标是让学生从小通过练习，更好地应对生活中的变化。

2. 课程

菲律宾的小学教育十分注重教学内容的生活化，除了书本知识，还特别重视课外知识和生活能力的学习，家政教育在菲律宾的小学教育中占据着重要位置。

在菲律宾，所有的小学，不论是公立还是私立，几乎都设有专门的家政课或劳动课。同时，在国家的教育投入支持下，菲律宾小学拥有相对完善的家政和劳动课程教育设施，包括专门的缝纫室、厨房、电脑室和工艺美术室等，以方便学生实践。在小学阶段，家政课程一般为每周1~2课时，学习内容涉及一般家务的各个方面，主要包括缝纽扣等手工操作、简单的食物烹饪以及家务整理等内容，实践性较强，着重培养学生的自理能力。家政教育的目的是培养学生成为健康和负责任的家庭与社会成员。家政课程就像是改变社会的催化剂，主要是因为它的重点是家庭。菲律宾小学阶段的大部分任课教师年龄在40岁以上，其中约40%的教师拥有超过30年的教学经验。家政课每天授课约40分钟，尽管如此，仍有61.8%的教师认为分配给家政课的时间太少了。

菲律宾中等教育中的家政课程，在国家教育改革中的受重视程度不断提高。菲律宾中等教育一直保持学术教育与职业教育并重，既服务于学生的升学，也致力于促进学生就业。菲律宾在初中阶段的8大基础课程设置中就设有技术与家政课程，着重突出了家政教育在菲律宾基础教育中的重要地位。公立初中学校大多是在七年级同时开设技术入门和综合科学系列课程，使科学教育的认识功能和技术教育的应用功能都能得到发挥。家政作为生活必备技能，是其中非常重要的一门必修课程。

在菲律宾公立初中的教育体系中，学生在中学二年级可以根据自己的特点选择进入科学和技术两个不同的分支领域学习，学校在两个分支领域里设置了丰富的、各有侧重的课程内容，能够根据学生的不同特点，着重发展学生的心智技能或者动作技能。此阶段的家政课程作为专业技能课程，主要针对技术领域的学生，尤其注重对学生就业的促进作用。此外，与普通公立学校相比，家政教育在菲律宾众多的女子学校中具有更为重要的意义。家政课程作为必修课程会伴随每一位女学生的整个初中学习阶段，她们要学习所设的全部家政课程。

与初中相比，菲律宾的高中课程设置则逐渐引入专业课程，致力于为学生提供升学或就业所需的能力和技能。其中，以技术—职业—生计（TVL）为方向的高中教育与职业教育存在一定关联性。家政教育也主要出现在此类高中课程设置中,主要涉及家庭教育、食品管理、烹饪制作等内容。该阶段的家政课程已经开始与家政人才培养衔接起来,依托科学、专业的教育培养体系,理论学习和实践操作并重,旨在为准备继续就读高等职业学校的学生打下良好的职业技能基础。

菲式家政教育的背后是国家教育的支撑和鼓励。例如,将学校教育扩展至校外实践,积极举办各种与劳动技能相关的培训和实践活动,使国民教育与生产劳动紧密结合。菲律宾支持全民教育,并注重学生在成才过程中满足社会、家庭和个人的需求,在中小学教育阶段便开始着重培养学生的职业技术技能、社会良知和合作精神,以确保学生最终就业成才。

菲律宾国民教育系统内的劳动教育和职业教育,尤其是家政劳动技能教育,不仅塑造了学生正确的劳动观念,更为学生日后的就业奠定了坚实基础。此外,菲律宾在中小学以及高等教育体系之外的职业技能培训体系,也保证了菲律宾职业技术教育的高质量。

3. 基础教育家政师资来源

在菲律宾基础教育中,家政教育一直走在前列,其重要原因之一是有大量的家政师资。在基础教育阶段,家政教育发展水平关键在于家政师资的素质与数量。在菲律宾,允许家政学毕业生在公立和私立学校教授家政学相关的职业科目。当然,他们需要获得 TESDA 颁发的国家一级证书或国家二级证书,才能在中小学任教。家政学毕业生可以被聘用为教师,但需要在聘用后五年内通过教师资格考试。

菲式家政教育与家政行业相互促进、相互支撑。学校教育不仅是培育家政专业人才的重要方式,更是普及家政劳动意识的关键,是家政行业健康可持续发展的重要基础。在菲律宾,通过中小学校家政教育,广泛传播家政劳动意识,对于推动家政职业认同,提高家政专业报考率及从业率具有重要作用。

二、职业教育阶段

在菲律宾,针对家政等专业的职业教育被视为高等教育的一部分,主要包括职业技术教育与专业培训教育。在为准备就业的学生提供技能培训的同时,菲律宾的职业教育也致力于为已经就业的群体提供在职培训。

在菲律宾，职业教育在国民教育体系中发挥着巨大作用。家政职业技术教育在菲律宾更是遍地开花，仅菲律宾海外就业管理局（Philippine Overseas Employment Administration，简称POEA）发放营业执照的家政培训机构就有1 000多家。同时，政府也出资设立了大量的家政职业培训学校，对有意从事家政行业的女性进行专业化培训，并评估和认证学员的职业技术能力资格。这是职业技术教育中的关键环节，更是保证职业技术教育质量的核心。

菲律宾的职业技术教育由劳工与就业部（DOLE）下设的技术教育与技能发展局（TESDA）管理。TESDA负责制定和推行中学后技术教育的相关决策，将教育和就业合并管理，以促进两项政策协调一致。因此，菲律宾从事家政行业的人员，包括家政相关专业的大学毕业生，都需要参加TESDA的考核，以证明其从事家政工作的能力。

TESDA针对菲律宾家政从业人员的职业培训主要包括两个部分，即技能培训和语言文化培训。技能培训主要是针对家政行业所必需的职业技能进行培训，培训内容全面且细致，几乎涵盖了家政从业人员日常工作所涉及的一切领域，对技能的要求也非常高。此项培训共计714课时，包括20个小时的基础能力课程、40个小时的通用能力课程、158个小时的核心能力课程和496个小时的选修能力课程。培训整体是以理论课为基础、以实操课为重点，前期主要是集中的理论学习，大致占总课时的40%；后期则是进入实操技能训练，约占60%，要求学员必须学会清理房间、清洁和整理各种面料的衣物、烹饪、照料老人和儿童等各项职业必备技能。通过考核者将由TESDA颁发菲律宾国家技术认证证书（NCD）。语言文化课的培训，则由DOLE下设的菲律宾海外劳工福利管理局（OWWA）免费提供。目前，OWWA提供的课程涵盖英语、中文（普通话及粤语）、阿拉伯语等多门国际常用语言，学员需要在课程中学会用目的地国家的语言进行交流，此外还需要对目的地国家的文化、饮食习惯等方面有所了解。语言文化培训大概持续一周，由OWWA组织考核并颁发证书。

在菲律宾政府的支持下，依托TESDA和OWWA的流程化管理，菲律宾家政职业技术教育建立起了全国化的培训教育课程体系以及统一标准的考核认证制度，形成了一套完整的高度秩序化的职业技术教育体系，最终造就了专业化、职业化的行业典范。六十多年来，菲律宾的家政教育已经形成了广泛而良好的社会基础，从中小学阶段的家政劳动启蒙教育，到高等教育阶段的专业化人才培养，再到职业培训教育体系中全国化、标准化的考核认证，现已形成了较为完备的家政教育体系。在菲律宾，国家层面科学、完备的家政教育体系为家政服务业提供了有力的教育支撑。

三、菲式家政高等教育

1. 培养目标

菲式家政高等教育旨在培养具有全球竞争力的毕业生，使其具备较高的道德标准、相关知识和技能，以应对技术进步和社会发展的需求，以及提高和加强家政学、创业技术、营养与饮食学、酒店和餐饮管理方面的研究与推广服务的质量。

例如，菲律宾国立大学家政学院的目标是培养具备系统家政学基本理论和相关专业知识，掌握家政管理、家庭教育、营养饮食、社区服务、服装织物相关知识、家庭理财、职业生涯指导、养老护理、婚姻指导、消费策划等专业技能的高素质家政专业人才。

2. 课程

菲律宾家政学专业大一、大二的课程主要为基础理论课程，包括经济学课程、基础英语、数学等通识课程，以及儿童发展、家庭生活与社会发展、家庭资源管理等部分专业基础课程。大二阶段，会安排菲律宾国家服务培训计划（the National Service Training Program，简称NSTP）的相关课程，开始训练学生的实践操作能力。大三阶段的培养则主要集中于家政专业课程的学习，覆盖多个细化的专业领域，专注于提升学生专业知识的储备。大四阶段，更为注重实操技能的训练，不仅会安排学校餐饮服务中心管理实习和家政教学实习两段集中实习，还设有成人和校外青年家政项目（Adult and Out-of-School Youth Programs in Home Economics），有效地保证了学生将理论付诸实践，直接进行现实场景的职业技能锻炼。此外，家庭资源管理、婚姻与家庭关系等课程的设置，更是体现出其教育的培养目标不仅是培养职业技能扎实的专业家政服务人员，更是培养可以在家政工作中切实为雇主营造美好生活的高端家政服务人员。

3. 学制

菲律宾高等教育学制本科一般是 4 年学制、硕士是 1.5～2 年学制、博士是 2.5～3 年学制。在菲律宾国家家政教育体系中，高等家政教育成就尤其突出。在菲律宾国内现有的 2 000 多所大学里，几乎每所都设有家政课程，甚至在菲律宾国立大学、菲律宾师范大学等多所大学中，都开设了独立的家政学专业，设立了家政学院（系）。

四、职业化的训练

1. 参加培训中心的培训

培训中心是由 TESDA 在地区和省级层面提供培训的机构，菲律宾共有 15 个地区培训中心和 45 个省级培训中心。这类培训中心提供最新的劳动技能课程，虽区别于正规的职业教育学校，但师资大都来自于行业、企业一线，实际操作经验丰富，对菲律宾整体劳动技能的提升非常重要。

2. 参加社区的培训

此类社区培训专门解决社区的技能需求，促进社区成员自主创业。社区培训主要面向贫困和边缘群体，由于其自身技能低、财力有限，无法接受正规教育。这种培训模式能够支持和帮助成员制订谋生和创业计划，在完成培训后直接付诸实施。因其涉及贫困和边缘群体的技能发展，一般由当地政府部门和非政府组织进行协调和组织实施。

3. 参加企业的培训

基于企业的培训包括学徒制计划、领导力课程以及双轨制培训系统，学徒制计划是建立在企业和培训者之间达成的学徒协议基础上的，这些培训计划时间从三个月到六个月不等，但需要强调的是学徒制只能由 TESDA 认证的企业提供。学徒培训课程为短期的职业培训课程，经由 TESDA 批准。此类培训系统是一种基于双轨制的技能培训，需要分别在培训机构和工作中完成。双轨制培训是建立在培训机构和获得 TESDA 认证的企业之间的合作基础之上，培训机构必须满足教学设备的最低标准要求，培训机构、讲师和培训计划都必须得到 TESDA 认证。

4.3 菲式家政的人才培养路径

一、注重家政基础知识及服务意识训练

菲律宾劳工和就业部对输出的菲佣有严格要求，在上岗前，他们必须前往 TESDA 授权的培训学校接受 216 个小时的技能培训，以及语言文化培训。此外，他们还需要对目的地国家或地区的地理、宗教、烹饪风格、民俗文化、着装要求以及社会行为准则等有所了解。

菲佣从不会因为自己的职业而自卑，国家的重视使菲佣具有良好的职业心态，认为他们的工作是光荣的，用心工作是值得被尊重的，他们在工作中很少抱怨，而是更专注于服务本身。菲佣最吸引雇主的地方就是专业的服务精神，他们会将雇主家的需求提前做好规划，有时甚至比雇主考虑得更全面、更细致。他们全心全意的服务态度常使他们与雇主保持长久的合作关系。菲佣会以频繁地更换雇主或被雇主解雇为耻，他们的平均工作周期大多都在五年甚至十年以上。

菲佣在专业技能训练上精益求精，菲律宾的家政教育课程十分普及，中学和大学均开设家政课，短期培训家政班比比皆是。培训最大的优点是培训方式灵活，内容精耕细作，对家政工作中的基础技能，如持家，照顾老人、儿童、动物，园艺和沟通能力等都设计得十分细致、系统化。

二、定制化菲式家政培训

定制化培训是指以服务对象的现状、存在的问题、拟达成的目标等信息为基础，由培训机构与服务对象通过沟通、调研，量身定制的培训方案。

1. 定制化培训的流程

（1）培训咨询。由培训方与需求方进行充分沟通，确定培训达成的目标，并

设计出满足客户需求的培训方案。

（2）确定方案。培训目标达成共识后，培训方与需求方就培训时间、场地、培训方式等反复沟通，不断调整和完善，达成最终的课程方案。

（3）签订协议。培训方与需求方进一步协商培训的具体内容，并签订培训协议。

（4）培训实施。培训方按照规定的时间和要求组织并实施培训。

（5）培训跟踪服务。培训结束后，组织学员填写一份详细的意见反馈表，对培训过程提出建议并由相关工作人员对学员和需求方的训后效果进行跟踪。

2. 菲佣的定制化培训

菲律宾劳工和就业部（DOLE）在数十个国家设有分支机构——菲律宾海外劳工办事处，每日源源不断地收集各地的"订单"，审核后汇聚到菲律宾海外就业管理局（POEA），与此同时，菲律宾劳工可以在POEA登记个人信息。先由中介完成"匹配"面试的过程，等最终结果敲定，再向POEA报备。面试一旦成功，便是一系列繁忙的"新生培训"。不论目的地国家和地区是哪里，所有菲律宾劳工都需参与"行前座谈会"，以便了解办理手续的流程、出国线路、搭乘交通等各项事宜。对于从事家政服务的人，要另行参加所在国语言和文化的基础培训。

下面以中国香港地区对菲佣的需求为例，介绍定制化培训的实施过程。

【案例】

向中国香港输出菲佣（定制化培训方案）

一、项目背景介绍

香港经济发达，人口密度大，房子空间小，家庭小型化结构普遍，大多为父母和孩子的组合，家政服务需求量大。香港职工平均工资较高，雇用家政人员成为生活的"必需品"。香港有对于菲佣的相关法律规定，法律风险小，菲佣市场十分完善和成熟。菲佣在香港市民中拥有极高的口碑，市民已经养成了雇用菲佣的习惯。

二、培训对象

无不良记录、身体健康、愿意从事家政服务的菲律宾劳工。

三、培训目的

培养一批适应香港市民的合格家政服务人员,通过培训使他们具备:

1. 能够用英语、粤语、普通话等进行日常交流。

2. 熟练掌握家政服务基本技能,如照顾小孩、老人、残疾人以及清洁、看家、烹调本地家常菜、饲养宠物等。

3. 了解香港本地风俗习惯、宗教文化、法律法规、重要节日等,能够迅速融入本地生活,适应雇主对家政服务的需求。

四、培训时间安排

培训时长共计 218 小时。

五、培训方式

面授、互动式教学、启发式教学、示范教学、实操演练。

六、培训课程设计

项目	内容	目标
行为管理	如何成为一名合格的家政服务人员 如何避免合同终止 案例分析	树立学员信心,明确服务守则和服务心态
看护管理	婴儿护理 儿童护理 儿童玩具清洁整理 老年人护理	掌握婴幼儿及老年人日常照料常识及基本技能
家务管理	家务活动(日、周、月工作计划) 家用电器及使用方法 购买物品 中餐餐桌礼仪 洗车 浴室/卫生间清洁 洗衣 熨烫与收纳整理 园艺 宠物护理	了解香港本地客户的家政服务内容及生活习惯,掌握家政服务技能及注意事项

续表

项目	内容	目标
安全	住家安全 清理窗户时的安全事项 清理地面时的安全事项 清理墙面时的安全事项 清理天花板时的安全事项 晾晒衣服时的安全事项 电器安全 烹饪时的安全事项 应对陌生人的注意事项 防火安全 儿童安全 婴儿安全	掌握家政服务涉及的案例知识、防护知识及正确的做法
厨房管理	学做中国菜 20道家常菜制作方法（鸡、鸭、鱼、猪肉、排骨、海鲜等）	掌握本地家常菜做法
语言	英语、粤语、普通话的常用词汇和日常对话	掌握本地日常用语，能进行基本交流沟通
法律与民俗	国内相关法律法规 香港本地法律法规 香港风俗	了解菲律宾国内及香港相关法律法规，并能学以致用

4.4 菲式家政培训大纲和教案编制

培训大纲是对一个培训课程的概要描述，它的作用是为培训提供一个清晰的、系统的、有条理的框架，培训大纲的编制要清楚地反映培训课程的内容，突出重点，强调必要的知识和技能，并且应尽可能简单明了，易于理解。培训实施计划和教案应根据培训大纲进行，以保证培训目标的实现，达到预计的培训效果。

一、理论及实操培训大纲编制

培训大纲是培训的纲领性文件，它包含培训政策、管理要求、人员的培训要求等，培训大纲一般通过以下几方面体现：

1. 培训主题

2. 培训对象

3. 培训讲师

4. 培训时间

5. 培训目标

6. 培训形式（座谈、PPT 讲授、操作演示等）

7. 培训所需的资源（场地、电脑、投影仪、音响、教具等）

8. 课程大纲（含主要内容）

下面以"家庭保洁"为例，参照菲律宾菲佣培训体系，在培训主题、培训对象、培训讲师、培训目标、培训形式及培训内容等方面进行详细描述。

【案例】

家庭保洁培训大纲

【培训主题】家庭保洁

【培训对象】有志从事家政服务工作的所有人员

【核心讲师】

姜××：五星级家政培训讲师，一线服务时长近5 000小时，熟练掌握家庭保洁与家电清洗技能，服务满意度100%，曾担任新员工传帮带导师、技能实操培训讲师。

陈××：毕业于××职业技术学院家政服务管理系，从事家政行业六年，曾任一线保洁师、新员工传帮带导师、培训讲师，既有丰富的一线服务经验，又具备实操培训经验。

孔××：从事教育和培训工作16年，专注于企业培训，拥有丰富的家政培训经验，培训和辅导过上万名学员。

【培训目标】

1. 通过服务心态、服务礼仪、法律法规等课程，让家政服务人员了解作为服务人员应具备的心态、服务中各种场景下的礼仪礼节，了解相关法律知识，做到懂法守法。

2. 通过安全知识培训与实操，让家政服务人员懂得自我防范，懂得正确处理安全突发事故，自觉遵守服务流程规范。

3. 通过服务流程、操作技巧学习，让家政服务人员掌握家庭保洁七大区、六大面的保洁技能，掌握不同材质物品的清洁方法和技巧。

4. 通过典型案例分析，让家政服务人员了解实际工作中的风险点、关键点，并注意防范。

【课程学时】48课时

【培训形式】面授、实操训练

【课程大纲】

第一单元：职业道德规范

1.1　职业道德与行为规范

1.2　服务礼仪

1.3　卫生常识

1.4　法律法规

第二单元:家庭保洁知识

2.1　工具认识与使用

2.2　垃圾分类视频教学

2.3　获取上门服务卡(证/码)的相关知识及操作培训

2.4　沟通技巧与常识

第三单元:实操训练

3.1　实操与话术练习

3.2　实操视频演示

3.3　培训基地实操训练

第四单元:岗前辅导

4.1　入户前准备

4.2　入户须知强化辅导

【课程案例】

1. 违规操作:损坏的电饭锅

2. 职业道德:丢失的手机和小闹钟

二、启发性培训的教案编制

1. 什么是启发性培训

启发性培训是指在培训中,讲师要激发学生的学习主体性,引导他们经过积极思考与探索自觉地掌握知识,学会分析问题,树立求真意识。启发性培训强调引发学生主动探究,让学生主动地、创造性地获得知识、智能与品性的全面发展,启发性培训反映了学生的认识规律性,即学生的认识过程是在教师指导下进行的能动认识过程。

2. 启发性培训的特点

(1)以学生为主体。强调培训的主要任务是培养学生的自主学习能力,让学生成为学习的主体,而不是被动接受教育信息的客体。教师负责教学的方向、内容、方法和组织,发挥自己的专业知识和教学经验,为学生提供针对性的教学指导和支持，不仅要指导学生自主探究学习，而且要"言传"和"身教"，在帮助学生掌握知识和技能的同时，激发学生的学习兴趣和动力。学生主动性、积极性的发挥靠教师引导，教师要对教学的效果和质量负责，师生一起共同完成教师事先精心设计的教学活动。

（2）激发学生的积极思维。通过提问启发、反诘启发、点拨提示、情景启发、讲练启发、研讨启发等方法激发学生的积极思维。

教师在备课过程中要深思熟虑，精心设计，将一个复杂的问题变得简单化。在传授知识的过程中，随时注意开启学生的思路，根据学生的具体反应随机应变，如：通过课堂提问引导学生主动思考，启发学生积极开动脑筋，学生通过自身的思维活动，对所学知识融会贯通，理解消化。

（3）发展学生的逻辑思维能力。在课堂教学中，可以让学生展开联想，引导学生想象，让学生大胆讲出自己的看法和观点，教师给予鼓励，同时支持其他学生提出观点反驳。

（4）培养学生的独立解决问题能力和实践能力，可以通过实操和情景模拟的活动，让学生在遇到问题的时候有自己的想法，从而培养学生解决问题的能力。

（5）注重学生自学能力的培养。启发式教学强调学生自主学，学生在教师的主导作用下，通过自觉、主动地学习掌握知识。自主学习效果的好坏是关系启发式教学方法成功与否的关键，也是学生逐渐不依赖他人而独立获得知识的关键。

3. 贯彻启发性培训的基本要求

（1）调动学生学习的主动性。学生学习的主动性与许多因素影响，如学生的好奇心、兴趣、爱好、未知欲，获得优良成绩或得到表扬、奖励的愿望，为实现某个远大理想等。教师要善于因势利导，使许多一时的欲望和兴趣，汇集和发展为推动学习的持久动力，激发学生的未知欲和积极性。

（2）启发学生独立思考。发展学生的逻辑思维能力，使学生的思维积极活动起来，这是启发的关键。

（3）启发学生将知识创造性地用于实际。启发不仅要引导学生动脑，还要引导学生动手，克服困难，解决问题，别出心裁地完成作业，以便发展创造才能。

（4）发扬教学民主性。在教学中教师应注意建立民主平等的师生关系和生生关系，创造民主和谐的教学气氛，鼓励学生敢于发表自己的独立见解，调动他们的学习主动性，引导他们独立思考，积极探索，自觉地掌握科学知识，提高分析问题和解决问题的能力。

4. 启发性培训教案编写内容与方法

培训教案一般应包括以下内容：课题、教学目标、课时、教学用具（包括挂图、模型、材料、仪器设备、视听用具等）、教学方法、重点和难点、教学过程、板书提纲、课堂练习、课后分析等。

教学过程是教案的主要组成部分，一般包括以下几个教学环节：组织教学、导入新课或引言、传授新知识（或在教师指导下，学员学习新知识）、巩固新知识（或课堂练习）、布置作业（包括动手做的技能训练）等。

（1）组织教学：实施培训的准备工作。具体包括检查教学设施及其设备是否完善，观察学生状态，确认教学时间等。

（2）导入：提问复习上节课内容。具体包括提问的方式、复习的内容、提问哪些学生、需用多少时间等。

（3）讲授新课：针对不同的教学内容，选择不同的教学方法。具体包括怎样提出问题，如何逐步启发，应用哪些启发式方法，学生应该怎么学，详细步骤如何安排，需用多少时间等。

（4）巩固练习：练习设计精巧，有层次、有坡度、有密度。具体包括练习怎样进行，谁来演练，需要多少时间等。

（5）归纳小结：具体包括采用什么方式进行，由教师还是学生进行归纳，需用多少时间等。

（6）作业安排：作业要考虑知识的拓展性。具体包括布置哪些内容，需不需要提示或解释等。

【案例】

启发性培训教案

一、课题：家务劳动的价值

二、目的：理解并认可家务劳动的价值

三、课时：60分钟

四、教学用具：

1. 活动挂图

2. 讲义1：家务劳动的价值

3. 讲义2：改变心态并认识家务劳动的价值

五、教学过程：

1. 导入：（通过问题引导学员思考家务劳动的重要性、家政工作的意义与价值）

你认同下面的说法吗？为什么？

A. 家政服务人员的工资应该低于工厂或办公室工人，因为他们的工作不需要太多技能或高水平的教育/培训。

B. 找不到其他工作时就做家政服务工作。

C. 家务劳动是有辱人格的。

2. 新课：（通过小组讨论，让学员了解家政工作对雇主、家庭、社会及国家发展层面所作出的贡献，从而改变服务心态，提高职业信心和职业自豪感。）

将学员分成小组，每组指派一名主持人和一名记者。

（1）小组讨论家政服务人员在以下几个方面的贡献：

A. 对雇主家的贡献

B. 对自己家庭的贡献

C. 对社区和社会的贡献

D. 对经济和国家发展的贡献

（2）记者分别记录小组讨论的结果。

（3）讨论和总结：

1）请各小组的记者汇报小组讨论结果，并做简短的解释。

2）组员可以对记者的发言进行补充。

3）主持人对发言进行总结，并列举佐证。

如：

A. 使雇主及其家人安心和幸福的案例。

B. 使自己家里的老人获得医疗费用的案例。

C. 出国从事家政工作的人员汇款回家，改善家人生活的案例。

（4）回顾：家政工作的主要贡献。

（5）总结：家务劳动的价值，并询问大家是否认同。

（6）布置作业：

1）收集身边从事家政工作的人对家庭的贡献的案例。

2）寻找促进认同家政工作的方法。

4.5 菲式家政的培训实操

一、实操流程设计及教学安排

1. 实操流程设计原则

（1）科学性原则。实操流程要科学合理，符合自然规律，符合服务对象的本质和需求。要充分考虑客户的便利性和家政服务人员的可操作性。尊重客户，爱护家政服务人员。

（2）安全性原则。尽量避免带有危险性的操作，尽量避免与有害性的物质接触。若无法避免与有毒物质接触，则应采取安全措施，以免造成环境污染和人身伤害。

（3）实用性原则。从客户需求出发，选择效果明显、操作简单的流程，做到省时、省力，设计的方案切实可行。

2. 实操培训

实操培训在家政从业人员基础技能的培训过程中非常实用，经过培训，可使学员"举一反三"，是一种"规定→示范→操作→评价反馈"循环往复的培训方法。

（1）要求：培训前要准备好所有的用具，摆放整齐；让每个学员都能看清示范教具；讲师一边示范操作一边讲解动作或操作要领。示范完毕，让每个学员反复模仿练习；对每个学员的操作立即给予反馈。

（2）优点：通常能在讲师与学员之间形成良好的关系，有助于工作的开展。

（3）缺点：挑选和培养合格的"教练式"讲师比较难，同时要求讲师要具备较强的沟通能力、监督和指导能力。

3. 教学安排

教学安排即教学实施过程，是依据制定的教学设计方案，结合课堂教学实际进行的过程。一般包括以下五个环节：

（1）课堂导入。在教学内容或活动开始时，讲师用以引导学员做好心理准备和认知准备进入学习的行为方式。课堂导入是能够引起学员注意、激发其学习兴趣、明确学习目的和建立知识间联系的教学活动。

（2）问题探讨。问题探讨是讲师在课堂教学中，通过创设问题情境、设置疑问，引导和促进学员学习的教学行为方式。

（3）课堂练习。课堂练习是学员将所学知识应用到实践中，巩固已学知识的教学行为，能培养学员的良好习惯，课堂练习是检验教学效果、反馈教学效果、提高教学水平、改进教学方法的途径之一。

（4）课堂小结。课堂小结是讲师在完成一个教学活动时，通过归纳、总结，帮助学生及时对新知识和新技能进行系统巩固和运用，并将其纳入原有知识结构中的一种教学行为。课堂小结是一个教学活动的结尾，又是下一个教学活动潜在的开始，与课堂导入首尾呼应，课堂小结有梳理课堂知识、深化教学内容等作用。

（5）布置作业。一个教学活动结束后，讲师可适当地布置作业。作业可以是对此次教学活动的巩固练习，也可以是对下一个教学活动的预习。

二、菲式家政培训案例

从菲佣的服务内容和要求细则中，可以体会到菲佣工作的细致性、专业性、全面性以及实用性。关于菲佣的培训方式更加灵活多样，培训内容更注重工作态度和适应性的灌输与引导。

本培训案例是以家庭管理服务人员为培训对象，旨在提升他们的专业知识、专业技能和服务态度，培训内容涵盖家庭管理基础知识、家务一般技能和选修技能等。通过学习，使家庭管理服务人员更自信、更专业，成为行业里的优秀者。

1. 培训工作流程（见表 4-1）

表 4-1 培训工作流程

序号	流程	内容
1	确认培训需求	1. 确定培训对象和目的 2. 制订培训预算 3. 签订培训协议
2	制定培训方案	1. 制订培训大纲 2. 安排课程 3. 确定培训方式 4. 明确培训要求与纪律 5. 明确场地需求、住宿、物料等
3	培训准备	1. 确定场地的地理位置、场地大小、费用、场地布置、器材等 2. 确定住宿与用餐环境、茶歇安排 3. 准备桌椅、电脑、投影、音响、签到本、纸和笔等 4. 确认培训讲师（领域、擅长课程、单位、社会职务、联系方式、课酬等） 5. 准备培训教材及资料（课本、讲义、练习题、测试题等） 6. 开发课程内容（教案、PPT 等）
4	培训通知	1. 时间、地点、培训要求与纪律 2. 课程表、住宿安排、授课讲师等
5	开班仪式	1. 收集培训审核资料（可提前） 2. 签到 3. 分发讲议与资料 4. 开班仪式、主持 5. 领导致辞（发言稿） 6. 公布培训要求与纪律 7. 破冰游戏 8. 课程介绍 9. 讲师介绍 10. 分组，选班干、组长
6	正式授课	1. 讲师提前到场准备 2. 暖场 3. 正常授课 4. 现场管理（课间音乐、投影、电脑、麦克风、音箱正常运作；照相/摄影、记录、录音到位；茶水、点心、就餐秩序与安排等） 5. 突发情况处理

续表

序号	流程	内容
7	培训评估	1. 复习 2. 笔试 3. 实操考核 4. 讲师评价问卷
8	结业典礼	1. 问卷调查分析反馈（培训讲师和学员的改进意见） 2. 培训成绩反馈 3. 课堂表现反馈 4. 颁发奖品、证书等 5. 合影
9	跟踪服务	1. 学员档案整理归档 2. 培训照片、视频归档 3. 回访学员 4. 搭建继续学习平台

2. 课程大纲

第一章　家庭管理基础知识

1. 家庭服务行为习惯

2. 卫生常识

3. 生活礼仪

4. 语言与习俗

5. 工作执行指南

6. 压力与心态调整

第二章　家务技能

1. 家务服务规范（标准）

2. 5S 行为习惯的自我训练

3. 工作计划的制订与执行

4. 家庭清洁的设备、工具与材料

5. 家庭清洁

（1）客厅

（2）卧室

（3）浴室

（4）厨房

（5）家电清洁与家具保养

（6）窗帘和地毯清洁

6. 烹饪

（1）食材选购与储存

（2）家庭常见的烹饪设备、工具、餐具

（3）食品安全

（4）食材清洗与初加工

（5）营养搭配与饮食健康

（6）家常菜制作

1）肉类/家禽家常菜制作

2）鱼类/海鲜烹饪

3）蛋类菜肴制作

4）面食、谷物和豆类烹饪

5）汤品制作

6）凉拌菜制作

7）酱汁的制作

8）冷饮的制作

9）糕饼甜点的制作

10）三明治的制作

（7）餐桌摆设与餐桌礼仪

7. 洗涤

（1）常见织物分类与鉴别

（2）洗涤设备与用品

（3）衣物洗涤一般程序与特殊污渍处理方法

（4）衣物烘干与晾晒方法

（5）洗衣区和设备的管理与维护

8. 衣物熨烫与收纳

（1）熨烫工具

（2）衣物熨烫方法与注意事项

（3）收纳工具

（4）衣物收纳方法与注意事项

9. 园艺与宠物护理

（1）绿植养护及病虫害防护

（2）家庭盆栽与插花技术

（3）居室美化

（4）宠物（猫、狗、鸟、鱼）的喂养与护理

10. 家庭安全

（1）安全注意事项（用电、用气、防火、防盗、意外事故）

（2）如何防止意外事故

（3）儿童安全注意事项

（4）公共场所环境卫生准则

（5）家庭急救知识

11. 法律常识

12. 择业与就业指导

13. 母婴护理（选修）

（1）孕妇饮食照护

（2）孕妇生活照护

（3）产妇饮食照护

（4）产妇生活起居照护

（5）新生儿喂养照护

（6）婴幼儿喂养照护

（7）产妇照护技术指导

14. 儿童日常照料与生活指导（选修）

15. 老年人日常护理基础（选修）

（1）老年人的饮食照料

（2）老年人的日常起居照护

（3）老年人的健康管理

16. 特殊人群基本生活照料（选修）

注：选修课程是额外的核心能力，不是绝对必要的，以提高学员的核心竞争力和就业能力。

3. 培训方式

在菲式家政培训中，可选用以下培训方式：

（1）线下集中培训。理论、技能实操训练均可通过线下集中培训进行。线下集中培训时，培训讲师能够直面学员，了解学员的状态；容易把控授课内容和进度；实际演练部分，可以让学员直接动手操作，培训讲师也能及时了解学员掌握的情况，及时纠正不规范的操作。

（2）线上视频录播。学员可以通过培训讲师录播的教学视频自主学习，学习的自主性比较强，可利用零碎时间进行学习，不受时间、地点的限制，随时随地都可以学习，且学员可以反复观看。对于自制力较差的人，如果没有人监督，可能学习效果会大打折扣，对实操演练部分也显得指导不足。

（3）视频直播教学。与线上视频录播方式差不多，对培训讲师的要求更高，讲师除了要具备专业知识外，还要具备临场应变能力，面对镜头的压力能从容授课，不受影响。视频直播和线上录播都存在对学员的约束力降低的问题。

（4）远程答疑。学员在学习中遇到问题，可以通过网络远程求教；学员在服务过程中遇到不懂的问题时，也可以直接通过网络与讲师互动学习。

（5）实操训练。家政服务中操作性较强的技能，如烹饪、洗熨、护理等，需要通过不断的操作练习才能掌握好。

（6）传帮带教学。即有经验的前辈充当导师，对新学员进行一对一带教，将自己在服务过程中积累的经验技能传授给新学员。这种"师傅带徒弟"的传帮带方式能让新学员迅速适应并独立上岗。

（7）回炉培训。也称持续培训，是培训工作的后续跟踪服务，学员经过培训后到岗服务，检验培训效果，同时发现不足，培训机构可持续提供"查缺补漏"式的培训，也可为后续的提升培训做好铺垫。

4. 培训课程安排（见表 4-2）

表 4-2　家庭管理岗（菲式家政）培训课程安排

序号	内容	课时	授课方式
1	开班仪式——励志感恩：家政行业的发展前景、企业文化、菲佣服务理念	2	活动 讲授
2	职业健康和安全意识	2	专题讨论 案例法
3	生活礼仪、语言与习俗、沟通技巧	4	讲座 角色扮演 情境
4	工作执行指南	2	讲座 讨论
5	压力与心态调整	2	讲座 讨论 案例
6	家庭服务规范（标准）	2	讲座 讨论
7	5S 行为习惯及自我训练	2	讲座 演练
8	工作计划的制订与执行	4	讲座 讨论
9	家庭常用清洁设备、工具与材料；房屋清洁的一般程序	2	讲座 演示
10	客厅清洁要点及注意事项	4	讲解 示范 演练
11	卧室清洁要点及注意事项；床铺的整理与清洗；污渍处理方法	8	讲解 示范 演练

续表

序号	内容	课时	授课方式
12	厨房清洁与整理	4	讲解 示范 演练
13	浴室与卫生间的清洁及整理	4	讲解 示范 演练
14	不同材质家具的清洁及养护（皮质、木质、藤编、玻璃、布艺等）	8	讲解 示范 演练
15	窗帘及地毯的清洁与消毒	4	讲解 示范 演练
16	家用电器的使用方法；家用电器的清洁步骤及注意事项	8	讲解 示范 演练
17	食材选购与储存；营养搭配与饮食健康；食品安全常识	4	讲座 讨论
18	家庭常见的烹饪设备、工具、餐具；不同材质烹饪设备、用具的使用及保养	4	讲解 示范 演练
19	食材清洗与初加工	8	讲解 示范 演练
20	家庭餐制作技能及方法（肉类/家禽、鱼类/海鲜、蛋类、蔬菜、面点、主食、汤、酱汁、冷饮等）	40	讲解 示范 演练
21	餐桌摆设与用餐礼仪	2	示范 演练
22	衣服洗涤（织物分类、设备与用品、污渍处理、烘干与晾晒等）	16	示范 演练
23	衣物熨烫与收纳（工具、方法、流程、注意事项）	16	示范 演练
24	绿植养护及病虫害防护	4	讲解 讨论 案例

续表

序号	内容	课时	授课方式
25	盆栽与插花	8	讲解 示范 演练
26	居室美化	4	讲解 讨论
27	宠物（猫、狗、鸟、鱼）的喂养与护理	8	讲解 讨论
28	日常经费收支管理	4	讲解 练习
29	家庭服务的安全与防护；公共安全	8	讲解 案例
30	家庭急救知识；消防安全及演练	4	讲解 演练
31	相关法律法规	4	讲解 案例
32	择业与就业指导	4	讲解 案例
33	母婴护理知识	40	讲解 示范 演练
34	儿童日常照料与生活指导	24	讲解 示范 演练
35	老年人日常护理知识	24	讲解 示范 演练
36	特殊人群日常照料	24	讲解 示范 演练
37	所学理论总复习	4	评讲
38	所学实操复习	4	练习
39	考核评估	4	笔试 观看 演练
40	结业典礼，总结与颁证	2	

5. 培训教案

（1）理论课参考教案（见表4-3）

表4-3 理论课参考教案

课程名称	服务心态
课题	如何成为一名合格的家政服务人员
教学目标	1. 了解并掌握家政服务过程中应注意并遵守的行为习惯 2. 掌握心态调整的方法
教学重点	1. 了解家庭服务中形象、言行、沟通的重要性 2. 熟记服务禁忌 3. 自我心态的调整
教具准备	投影、白板、黑板笔、电脑、纸、笔等
教学方式	讲授法、案例法
教学过程	一、导入（教师讲述） 各位学员，大家好！ 大家都知道，服务行业的核心价值就是客户的满意度，而服务人员的形象、言行是最直观的表现。在家政服务中，管理好服务人员的行为，是提升服务质量的关键。 案例1： 李某家雇佣了一个阿姨照看孩子，白天李某和丈夫上班不在家，阿姨自己在家里。有一天，李某发现儿子的情绪有点儿问题，就打开家里的摄像头，从拍摄的视频中，她发现阿姨自己在玩手机，她家孩子因为没人理会而哭闹，阿姨对孩子的哭闹极度的不耐烦，抓过孩子的手就打，李某看了很生气，当天就把阿姨辞退了。 案例2： 菲佣Aida应聘到张女士家工作，她每天早上5：30起床，轻手轻脚地穿好衣服、叠好被子，拿上自己的东西，上洗手间洗脸刷牙，洗漱完毕后将个人物品收回自己的房间，然后准备早餐。吃完早餐，她便开始整理打扫厨房和客厅等区域。 7：30张女士和先生起床时，家里已经收拾得非常整洁，饭桌上放好了早餐：2杯温开水、2杯牛奶、4片面包。而Aida正在阳台上修剪盆景。张女士邀请Aida一起用早餐，她却摇摇手表示自己已经吃过了。张女士和先生出门时，Aida总会细心地站在边上帮着提包，提醒带伞，将他们送出门，道"再见"后再回去做事。张女士和先生下班回来时，Aida总会及时到门口迎接，取来拖鞋，接过包包和外套。中晚餐时，Aida会把饭菜端上餐桌，然后站在一边为全家用餐提供服务，帮助所有的人盛汤、盛饭，照顾孩子吃饭。张女士对Aida非常满意，并表示将长期聘用她。 请同学们分组讨论以上两个案例，并选出代表，讲述自己的感受与想法。 讨论：1. 如果你是雇主，你会如何选择？为什么？ 　　　2. 菲佣的优势和服务理念是什么？哪些值得我们学习？ 二、核心内容讲解 展示标题：家政服务中的行为管理 ——如何成为一名合格的家政服务人员？

续表

教学过程	1. 作为一名家政服务人员，首先要将自己的义务和责任熟记于心，并且热爱这份工作。 知道自己的工作细节、雇主的要求和标准是对家政服务人员最基本的要求，只有这样才能更好地规划工作时间，设定更有效快捷的工作计划。知道了哪些该做，哪些不该做，才能满足雇主的要求，获得雇主的信任和肯定。 投影：全心全意工作才会获得成功！ 2. 以正面积极的形象出现，自信但不失谦卑，树立良好的形象。 （1）个人卫生 （2）脸部表情 （3）行为举止 （4）情绪控制 教师详细讲解，用图片和实例进行对比展示，让学员更深刻地理解什么是正面积极的言行，什么是不正确的言行。 3. 保持良好的服务态度 良好的态度是通过家政服务人员的一言一行、所作所为体现出来的。如何处理问题？如何与雇主相处？都能体现出家政服务人员的态度。 要谨记，无论你的能力有多强，如果你的态度不好，雇主也一样不会雇用你。 投影：知识＋技能＋好态度＝好的服务 　　　　好的服务＝好的雇员 什么样的态度是良好的？ （1）谦卑（举例） 家政服务人员要明确自己的定位，不要挑战权威，要学会忍耐，千万不要与雇主起争执或者据理力争一些事情，争赢也没有任何意义，只会让你面临被解雇的危机。 （2）敬业（案例） 尽心尽力完成每件家务工作。要在最短的时间和保证质量的前提下提供服务。 （3）尊重（案例） 要承认雇主的权威性。 1）要有礼貌，看到雇主时要打招呼，同时给予真诚的微笑。 2）遵从雇主的规定。 3）不要将不悦的情绪表现在脸上。 4）不要擅作主张。 5）未获得允许时不要使用、吃、喝、拿雇主的东西。 6）不要泄露雇主的信息给他人，应尊重雇主的隐私。 （4）愉悦（案例） 1）大多数雇主会觉得爱笑的人可以给他们带来好运，所以服务时要保持愉悦的心情。 2）在工作时表现出积极的能量，不要表现得懒惰。要充满热情，在服务时表现出快乐。 3）当雇主与你交谈时，要专心听，并表现出感兴趣。

续表

| 教学过程 | （5）主动（案例）
1）主动就是在没有其他人监管和提醒下，也能尽心尽力做好所有事情。
2）自愿自觉地做事，做一名负责任的家政服务人员。
3）清楚地知道什么时候该做什么事。
4）懂得如何规划自己的工作，如何在有限的时间内高效完成每件事。
（6）常识。
1）要熟悉所有家务工作，知道如何做每件事。
2）遇到事情时能恰当地做出正确的决定。
3）能够运用逻辑思维预测事情的结果，并学会总结经验。
用家政服务中的一些实际案例分别讲述以上关于服务态度的表现。
让学员分享听来或经历过的关于态度的小故事，加深学员对服务态度的理解，认识服务态度对职业生涯的重要性，进而自觉地审视自己，完善自我。
4.学会自我减压、调整心态（教师讲述）
家政服务人员进入一个陌生的环境，很容易因为各种情况影响心情：一个冷眼，一句指责，一个误会或者一次质疑……如果没有积极乐观的态度，你将无法胜任工作。
那么，要如何才能保持良好的服务心态呢？
（1）做好心理建设
1）告诉自己，你出来工作是为了赚钱养家的，所以在与雇主相处时要学会忍耐。
2）要以良好的态度接受雇主给你布置的额外的工作，不要只是对你"职责描述"的任务负责。
3）给雇主留下好印象的最好的方式是为雇主全家甚至他的亲朋好友服务，要谨记，雇主之所以雇用你是想让你提供服务的。
4）努力适应雇主的文化和习俗。
5）不要拿现在的雇主和你的前雇主进行对比。
6）不要挑三拣四，要吃他们吃的东西，做好布置给你的任务。
（2）不要无所事事
工作不拖延，要充分利用时间，如果你已经完成基本的任务，就去找更多的工作并完成它，不要让自己无所事事地闲着。比如，你已经完成家务，你可以去找一些缝缝补补的活，去补补扣子或者做其他有意义的工作。
（3）要了解雇主
1）要知道雇主的需求，不要惹怒他们，要尽力将服务做到最好。
2）要学会利用假期和零碎的时间提升自己，比如学习新的技能、烹饪新的菜肴、学习当地语言（广东话、普通话、英语等），以及他们的文化和习俗等。
（4）尽力为你的雇主考虑
1）将心比心：
● 当你工作时，尽量将音量变小，不要制造出噪声影响到雇主。如保洁服务时避免拖把碰撞家具或墙脚发现声响。
● 停止使用电器或者电灯时，要记得关闭开关，节约水电，视雇主的家为自己的家。 |

续表

教学过程	2）服务周到： ● 不要与惹是生非的其他家政服务人员混在一起，要学习别人的优点。 ● 要让你的雇主感到骄傲，如果家里来客人了，不要躲在厨房或者是自己的房间里，要出来准备茶水，帮助招待。 （5）不要得寸进尺，辜负雇主的好意 1）如果雇主允许你使用电话，也尽量不要去使用它。最好在休息或放假时才给家人打电话，如果需要使用雇主的电话，要征得雇主的同意才能使用。 2）要以你希望被对待的方式来对待雇主。 3）每次雇主给你奖赏，要表心说一声"谢谢"。 4）不要擅自使用一些雇主不要的旧物件或家具，要确认雇主给你之后才可使用。 5）表现出你的爱护、关心和对全家的尊重，让雇主感觉到你在关心他们，试图理解他们的感受，用微笑营造快乐的氛围。 6）你的目标是要得到雇主对你的信任，不要得寸进尺，否则他们会不再相信你。 （6）要清晰知道作为家政服务人员的界限 1）知道什么该做，什么不该做。即使雇主已经相当信任你了，你们还是要有界限，不要过多地谈论你的私生活，也不要问雇主同样的问题。 2）虽然你是照顾他们孩子的人，甚至你跟他们的孩子很亲近，但是要记得不能责骂或者惩罚孩子。 （7）未来掌握在自己手中 职业的关键决定权在自己的手中，是由你的表现与态度决定的。如果你觉得行就一定能做到，要设立目标，专心工作，不要被干扰。 5.怎样表现出积极的态度？牢记下面的方法，你将受益匪浅。 （1）常常微笑，看上去愉悦。 （2）对雇主礼貌和尊重，主动打招呼。 （3）要回应雇主"好的，我懂了"。 （4）在出去前要跟雇主说"再见"。 （5）在雇主给予指示时要专心听。 （6）如果你没有听懂雇主的指示，你可以礼貌地再次询问"不好意思，可以再重复一次吗？刚才没有听清楚"。一定要弄清楚，不要猜雇主的意思。 （7）如果在做事的时候出错，要主动承认错误，抱歉地说"不好意思，我会改进的，不会再犯错了"。 （8）要虚心接受意见和批评，并试着改进，而不是为自己找借口。 （9）学会说"谢谢"表达你的感恩以及雇主对你工作的肯定。 （10）要用双手递东西给雇主，接受东西时也要使用双手。 （11）如果你的雇主需要你在工作时穿制服，要接受并执行。 （12）你要在雇主起床前起床准备，要设好闹钟。 （13）在进入雇主房间或其他房间时要先敲门。 （14）要遵从雇主给你的指令，按他们的要求做事。 （15）要按照雇主要求的方式带他们的小孩，和小孩相处时要有足够的耐心，和他们玩游戏，教他们唱儿歌，给他们读故事，要像对待自己的孩子一样爱护他们。 （16）你要按照雇主想要的方式进行家务工作。

续表

| 教学过程 | （17）学会使用雇主的语言，特别是面对老人和小孩时。
（18）工作时要有常识，要有能力处理好雇主家里的工作，不要等雇主告诉你该怎么做。
（19）要尊重雇主的信仰，不要用你的方式来要求雇主。
（20）要将所有的工具、物件放在它们该放的位置，或者使用后放回原来的位置。
（21）要小心处理雇主的家具、电器或个人物品。
（22）要在家庭用品用完时及时更换，如厕纸、纸巾、咖啡、盐、油、糖、牛奶等。如果发现这些生活用品存量少，要通知你的雇主进行购买。
（23）当雇主带你外出购物时，你需要写下所有需要购买的物品。
（24）在雇主每次进屋或外出时，为其开门。
（25）帮助雇主拿东西进屋。
（26）在雇主进屋后，准备好茶水供雇主饮用。
（27）当你感到不适的时候要及时告知雇主。
（28）在用餐时要注意餐桌礼仪：
1）不要用手抓食物，必须使用餐具。
2）在入座时要最后入座，然后在食用完后要第一个起身。
3）不要在雇主进餐前开始进餐。
4）最好在雇主用餐后再用餐。
5）最好不要和雇主共同进餐，特别是有亲朋好友来家做客时，需要得到雇主的同意才可以。
6.要求学员熟记以下服务守则，并在为雇主服务时严格执行。其间可以列举一些偷窃、撒谎、借钱等行为导致严重后果的案例。
（1）不要偷窃。
（2）不要逃避。
（3）不要撒谎。
（4）不要粗鲁。
（5）不要摆臭脸。
（6）不要紧张。
（7）不要八卦。
（8）不要抱怨。
（9）不要喝酒或吸烟。
（10）不要向雇主或其家庭成员借钱。
（11）不要让雇主为你购买任何个人物品。
（12）不要辜负雇主对你的好意。
（13）不要用雇主的电话。
（14）不要擅自邀请朋友或访客来雇主的家中。
（15）不要在沙发或者客厅区域休息。
（16）不要坐在雇主的床上。
（17）不要在雇主不在家时睡大觉。
（18）不要等雇主反复提醒你做事。 |

续表

教学过程	（19）不要穿紧身衣物、单薄的衬衣短裤、性感的内衣。 （20）不要与雇主同坐一张桌子上进食，除非受到邀请。 （21）不要未经允许食用雇主的巧克力、牛奶、水果等食品。 （22）不要未经过许可用雇主的私人物品，最好借也不要借。 （23）不要随意用雇主家的电视、音响。 （24）不要要挟雇主提出辞职。 （25）不要拆看雇主的快递。 （26）不要未经过雇主许可打开抽屉。 （27）不要未经同意拍摄雇主或其家庭成员的照片。 （28）不要和其他影响不好的家政服务人员接触。 （29）不要在你工作的时间去看好友或者亲戚。 （30）不要加入一些可能会惹上麻烦的群体或组织。 逐条讲解，并借助实际案例，要求学生熟读并牢记。
课堂小结	本课主要学习了如何成为一名合格的家政服务人员，通过大量的案例，让大家理解该做什么，不该做什么，应该如何做，以及如何自我调整工作态度。希望大家能牢记服务守则。
布置作业	收集家政服务中的典型案例，在下一次培训时进行分享。
教学反思	本课内容十分实用，可视为家政服务的指南和手册，在讲授这些内容时，最好的方法是案例法，让学员讨论和思考，加深印象。

（2）技能课参考教案——厨房清洁（见表4-4）

表4-4 技能课参考案例——厨房清洁

课程名称	居家服务
课题	厨房清洁
教学目标	1. 了解厨房卫生的重要性 2. 了解厨房清洁的内容及标准 3. 掌握厨房清洁的操作流程 4. 掌握厨房清洁的注意事项
教学重难点	1. 厨房重油污区域的清洁方法 2. 操作流程标准
教学方法	讲授法、示范、演练
教具准备	实操工具：折叠式水桶、玻璃刮、百洁干湿布、抹布、魔力棉、洗洁精、油烟净、洗碗刷、食醋、圆头清洁刷、一次性台布、小牙刷、油烟铲、拖把、地刮等 居家厨房：带抽风机、油烟机、冰箱、消毒柜、炉灶、洗菜池、门、窗等
教学时长	4课时
教学过程	一、导入（教师讲述） 各位学员，大家好！

续表

教学过程	厨房是贮存和制作食物的地方，厨房长期受油烟和食物残渣等污染，如果不及时清洁、保持卫生，会直接影响家人的健康。只有在干净、清爽的厨房里才能烹制出美味佳肴，保证家人的健康生活。 厨房里的灶具等物品经常受到油烟的污染和侵蚀，容易积聚油垢，铁制器皿易生锈，这些物品必须勤擦、勤洗、勤消毒。 二、新课内容讲授 播放投影：脏乱的厨房 教师：这样的厨房要怎么清洁呢？从哪里入手？要用到哪些工具？ 学生：略 播放课件： 1. 厨房清洁常用工具 （略） 2. 厨房常见布局、家具、电器（图片展示） 播放投影：展示干净整齐的厨房实例（图片、视频），让学生了解什么样才是干净、整洁、达到清洁标准的厨房。 3. 厨房清洁质量标准 （1）灶台、洗菜池光洁无油污、无积水。 （2）餐具干净、无水印、不粘手，消毒后归放原位。 （3）油烟机、家电表面、灶具等无污渍、无油污、表面光洁、不粘手。 （4）橱柜表面光洁、无污渍、不粘手，橱柜里面干净，物品码放整齐。 （5）墙面光洁无污渍。 （6）地面干净、光洁、无积水、无污渍。 （7）垃圾桶干净、光洁。 4. 厨房清洁流程（教师带领学生实地教学） （1）检查与评估： 1）先打开窗户，检查室内光亮度是否适合操作，如光线不足可开灯照明，增加亮度。 2）检查窗户是否牢固，纱窗稳不稳固，推拉窗户有无脱轨，推拉是否顺畅。 3）检查油烟机是否正常，有无破损处，以及油污程度。 4）检查炉头是否正常作业。 5）检查冰箱、消毒柜等电器是否正常。 6）检查排水道是否堵塞。 （2）沟通：评估检查后，若发现雇主家存在家具、设备、物品有破损，应及时告知雇主，避免不必要的争议。 5. 清洁实操（教师示范教学）。 （1）清洁出风口与抽风机：先拔掉电源，将湿毛巾拧干后喷上清洁剂，依次擦拭抽风机边框、扇页、内框、线和插头，然后用干布擦干。 （2）清洁窗户：将湿毛巾拧干后喷上清洁剂，从上到下、从左到右擦拭窗框；打横来回擦拭玻璃窗，再用玻璃刮从上往下收干水迹，最后用干毛巾擦拭底部窗框收干水迹。 （3）清洁上厨柜：按照由里到外，由上到下的原则，依次擦拭干净。

续表

教学过程	**沟通**：在清洁出风口、上厨柜时存在高位作业，需要借用梯子，应该用标准用语与雇主进行沟通。 （4）清洁家电：拔下电源，将湿毛巾拧干后喷上清洁剂，分别擦拭家电表面，擦拭干净后用干毛巾收干水迹。 （5）清洁墙面：先清洁远离炉灶的墙面，需要使用去油清洁剂和百洁布刷洗后，用清水漂洗干净，然后用玻璃刮刮干残留水分。 （6）清洁下部柜子：将湿毛巾拧干后喷上清洁剂，按照由里到外，由上到下的清洁顺序去清洁，擦拭干净后用干毛巾收干水迹。 （7）清洁油烟机和灶台：将抹布浸湿后拧干，在湿抹布上喷洒油污清洁剂，按从上到下、从里到外、从左到右、从角到面的顺序擦拭抽油烟机内外表面。如使用泡沫型油污清洁剂，则可以直接喷洒在抽油烟机内外表面，静置3~5分钟后，用抹布进行擦拭。可用干净的湿抹布进行反复漂洗，最后用干布擦干。 （8）清洁上橱柜与下橱柜中间部分的墙壁：用去油污清洁剂和百洁布刷洗，先清洁离洗菜池较远的一处，墙壁清洁完毕之后再到灶台，灶台的清洁顺序和墙壁一样。 （9）清洁厨房门：湿抹布擦拭门框，再从上到下擦拭门扇，如果油烟较重，可以在湿布上喷上油污净再进行擦拭，最后用干布擦干。 （10）清洁洗菜池：先打开水龙头冲洗一下洗菜池，把聚集到滤网上的垃圾倒进垃圾桶里，再用抹布清洗擦拭，边缘污渍可用百洁布擦拭。如果污渍较厚，可用油烟铲刮去污渍，再用抹布擦拭干净。 （11）清洁水龙头：用湿布擦拭，如果水垢较多无法擦去，可以将几张抽纸放入食醋里面浸泡打湿，然后将湿掉的抽纸覆盖在水龙头表面有水迹及污垢的部位，静置10分钟左右，最后再用一块干净的抹布进行擦拭。 （12）清洁地面：从里到外，用拖把清洁地面，如果油污较重，可用清洁剂兑水泡湿拖把布，拧半干再拖地，最后用地刮刮干地面。 （13）清理垃圾：用袋子装好垃圾并扎紧，避免掉出垃圾造成再次污染。用湿布擦拭垃圾桶，更换新的垃圾袋，把垃圾带走。 **沟通**：在清理厨柜时，如发现过期、变质的食材，要与雇主沟通确认是否丢弃。 （14）清洁完成后，检查电器和炉灶是否正常运行，检查是否存在清洁不到位的地方，如果发现有清洁不到位的，及时补做。 （15）最后邀请雇主检查，并询问雇主是否还有需要改善的地方。 三、课堂练习 学生分组练习操作，教师巡查学生操作，并及时指导操作要点，纠正操作中的不当。让同组学生互相学习，交换练习操作。
课堂小结	1.引导学生自己总结得失，交流实操心得。 2.教师点评学生表现，表扬做得好的学生。 3.强调实操过程中应该注意的事项。
板书设计	工具：投影、白板、黑板笔、电脑。
教学反思	1.清理厨柜里贮存的物品时，发现过期食材，为什么要请示雇主是否丢弃？ 2.不同雇主对厨房卫生的要求不同，如何服务能让客户感到满意？ 3.面对雇主的不合理要求时，如何处理？

（3）技能课参考教案——衣物洗涤（见表4-5）

表4-5 技能课参考教案——衣物洗涤

课程名称	居家服务
课题	衣物洗涤
教学目标	1. 掌握衣物洗涤标签的标识说明 2. 掌握衣物不同材质的分类与鉴别 3. 掌握衣物洗涤预处理方法及注意事项 4. 掌握不同材质衣物的烘干/晾晒方法 5. 掌握衣物清洗设备、工具的使用与日常维护方法
教学重难点	1. 织物分类与鉴别方法 2. 设备与用品使用的注意事项 3. 衣物污渍处理技巧 4. 烘干与晾晒的注意事项
教学方法	讲授法、示范、演练
教具准备	投影、白板、黑板笔、电脑、洗衣机、烘干机、清洁用品、各类材质衣物、盆、晾衣架等
教学时长	4课时
教学过程	一、导入（教师讲述） 各位学员，大家好！ 衣服是我们日常生活中的必需品。清洗衣物是家庭管理中至关重要的一项职责，我们必须仔细地操作，及时清洗，避免久放后污渍更难清洗。最好按照雇主要求的时间进行衣物清洗。 洗衣前一定记得检查衣物，有些衣服不能用洗衣机洗，有些衣服必须干洗。要特别注意，昂贵的衣服要严格按照标签说明进行洗涤，如果由于你的操作失误导致衣物损坏，你将面临投诉和赔偿，甚至被辞退。 二、新课内容讲授 1. 衣物洗涤的原则 在清洗衣物时，你可能会遇到如下问题，想想你将如何应对及处理？（讨论） （1）发现衣服脱线或掉衣扣。 （2）发现衣服很脏，污渍洗不干净。 （3）发现口袋中有重要票据或财物。 （4）衣物损坏。 想一想：还会遇到哪些问题？（讨论） 洗涤衣服要遵循哪些原则？ （1）按照与雇主沟通确认的计划执行。 （2）提前对衣物进行分类（深色与浅色、衣物材质、脏污程度等）。 （3）提前检查修补。 （4）提前处理不同污渍（异味、染色、油渍、口香糖、油漆渍、口红印、咖啡渍、墨渍、血迹等）。

续表

| 教学过程 | (5) 自己的衣物必须与雇主的分开清洗，最好手洗，除非雇主主动提出可以使用机器。
(6) 宝宝的衣物、尿布要分开单独清洗和消毒。
(7) 袜子、内衣一定要手洗。
2. 衣物材质的分类与鉴别
衣物是由各种各样的布料制作而成，不同类别的布料或织物有不一样的洗涤方法。在日常生活中可能大家都很少会去细看衣服上的标签，而且有一部分人甚至会将标签立马剪掉，但是其实标签上的提示信息很重要，能够指导我们如何去清洁和保养这件衣物。
接下来我们学习衣物的标签识别以及衣物分类。
(投影PPT) 衣物种类
例图：不同材质的衣物及标签（毛纺织品、丝织品、棉织品、麻织品、涂层仿皮面料织物等）
(教师讲解) 常见衣物材质鉴别方法
(1) 毛纺织品：毛纺织品的原料是动物的毛纤维，包括羊毛、兔毛、驼毛等，其中以羊毛织物最常见。
毛纺织品也可分为纯毛和毛混纺织物，毛混纺织物又包括毛涤、毛腈、毛粘、毛锦等。
纯毛与毛混纺织物的区别是：纯毛精纺呢绒平整光洁，织纹细密清晰；纯毛粗纺呢绒呢面厚实紧密，有打棒针的编织效果，手捏紧呢面后松开，折痕不明显且迅速复原。毛粘混纺呢绒大多为粗纺，柔软且有松散感，弹性较差，色泽没有纯毛呢绒那么纯正，捏紧呢面后松开，折痕明显且难复原。
现场展示，让学员看、上手摸、捏，感受区别。并让1名或2名学员说出感受。
毛织物洗护标识：
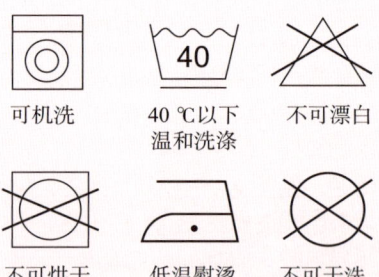
(2) 棉织物：棉织物分为纯棉和棉混纺织物，棉混纺织物又包括涤棉、腈棉、粘棉、维棉等。
纯棉与棉混纺织物的区别：
1) 纯棉织物。纯棉布面光泽柔和，手感柔软易折皱，弹性较差，布边纤维长短不一。手捏棉布松开，有明显折痕而且不易复原。
2) 涤棉与腈棉织物。光泽明亮，色泽雅致，布面光洁平整，有滑、挺、爽的感觉。手捏布面有一定的弹性，捏紧放松后折痕较少且恢复较快。
3) 粘棉织物。色泽鲜艳，光泽柔和，布面稍有不匀感。手捏布面有平滑、光洁、 |

柔软的感觉，捏紧放松后布面有较粗的折痕。

4）维棉织物。色泽稍暗且有不匀感，手感粗糙而不柔和，捏紧布料放松后折痕介于涤棉和粘棉之间。较纯棉布明亮。

棉织物洗护标识：

最高水温50℃　　　　不可氯漂　　　　最高150℃
常规洗涤　　　　　　　　　　　　　　反面熨烫

（3）麻织物：麻织品是由麻纤维织成的。麻织物分为纯麻和麻混纺织物，麻混纺织物又有涤麻、棉麻、粘麻、毛麻等。

纯麻和麻混纺织物的区别：

1）纯麻织物一般外观粗细不均匀，手摸布面有粗糙硬挺、凉爽的感觉。

2）麻混纺织物纹理清晰、布面平整、手感较柔软，手捏紧放松后布面不易产生褶皱。

麻织物洗护标识：

 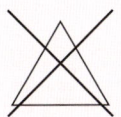 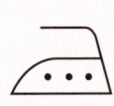 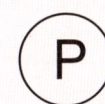 

最高水温50℃　　不可氯漂　　最高200℃　　干洗剂干洗　　不可拧干
小心洗涤　　　　　　　　　　反面熨烫　　四氯乙烯

（4）丝绸织物：丝织品是以蚕丝为原材料织制而成的，与羊毛一样都属于蛋白质纤维，丝织品主要有真丝织物、粘胶人造丝织物、涤纶丝织物、锦纶丝织物等。

真丝绸与人造丝绸的区别是：

1）真丝绸光泽柔和，手摸绸面时微凉、有轻微"拉手感"，以手托起时自然悬垂，干燥的真丝绸相互摩擦会发出"唑鸣"声，用手捏紧后放松，绸面稍有皱纹。

2）人造丝绸面光泽明亮刺目，拿起来有沉甸甸的感觉，不及真丝绸轻盈飘逸、挺括，用手捏紧后放松，绸面折痕多而深，不易恢复。

（5）扩展知识。皮革类服装一般分为真皮和人造合成皮革，用手触摸真皮表面，有滑爽、柔软、丰满、弹性的感觉；人造合成革面发涩、死板、柔软性较差；真皮革面有较清晰的毛孔、花纹，黄牛皮有较匀称的细毛孔，牦牛皮有较粗而稀疏的毛孔，山羊皮有鱼鳞状的毛孔。真皮都有皮革的气味，而人造革都具有刺激性较强的塑料气味；真皮表面的吸水性较好，而人造革与之相反，有较好的抗水性。皮革类衣物一般采用干洗。

羽绒类衣物质地软、重量轻、保暖性好，面料多数选用尼龙绸或涤纶织物，这些织物组织结构紧密，对羽绒的封闭性较好。羽绒类衣物一般采用干洗。

图片展示、实物触摸，让学员真切感受不同材质衣物的特点及区别。

活动：对学员身上的衣物进行分类，并说出如何鉴别。

续表

| 教学过程 | 3.常见衣物洗涤方法。
学习了衣物的材质鉴别和衣物标识后，我们来学习这些不同材质的衣物的洗涤方法。
（1）认识洗衣设备。常见的家用洗衣机类型有：滚筒式洗衣机、搅拌式洗衣机、波轮式洗衣机、喷流式洗衣机（图片、视频展示）。
1）洗衣机的使用注意事项：
● 清理衣物口袋，避免尖锐物品在清洗时损坏洗衣桶及波轮。
● 洗衣量不要超过规定的量，避免电动机负荷过重而发热，避免损坏洗衣机或导致其不易翻滚，衣物清洗不干净。
● 注意用水量，过多会导致外溢，过少会影响清洗效果。
● 按衣物说明使用不同水温清洗，一般为 40 ℃，不能超过 60 ℃，以免烫坏洗衣机桶，造成洗衣机桶老化、变形。
2）学习烘干机的使用（图片、视频展示）。
● 使用前先检查机器是否正常运转。
● 详细查看衣服标签说明，根据衣物材质和使用说明设置烘干程序和时间，避免损坏衣物。
● 烘干前确认衣物已经脱水拧干。
● 烘干机工作结束后，检查衣物是否仍有潮湿的地方，如有，将衣物展开继续烘干。
● 及时清理机器内部杂物、线头等，保持机器内部的清洁卫生。
（2）认识洗衣工具及用品。家庭常用的洗涤用品一般分为液态、固态和粉状，也可以在 pH 值上区分碱性、中性和酸性。
漂白水、84 消毒液等属于碱性洗涤用品，对衣物污渍清洗有明显效果，但是对衣物的伤害性也最大。如：可以去除衣物的黄斑、染色、霉斑等污渍，但一旦使用不当就会损坏衣物。
洗衣粉、肥皂、衣领净的碱性有所减弱，但是使用在不同的衣物上也会出现不同的效果，使用不当容易造成衣物损伤，如让衣物脱色、发硬等。
洗衣液、洗衣凝珠、洗洁精等清洁剂属于中性洗涤产品，对衣物伤害性最小，是棉织品、麻织品、人造纤维织物、合成纤维织物最常用的洗涤产品。
柔顺剂、丝毛清洁剂在 pH 值上属于弱酸性，常用于毛纺织品、丝织品的衣物清洁，能够降低衣物损坏风险。
（3）读懂衣物标识。

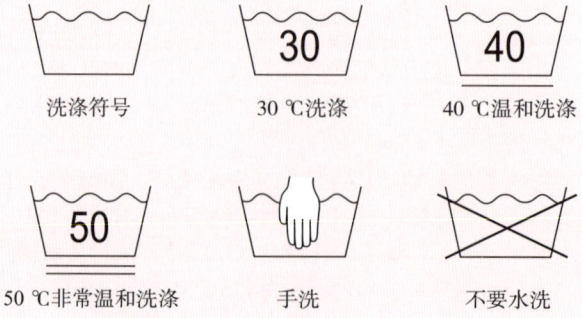

|

	续表
教学过程	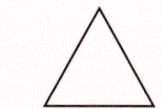 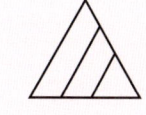 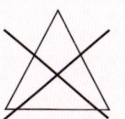 允许漂白（氯和氧）　允许漂白（氧）　勿漂白 （4）常见衣物洗涤方法。 1）羊毛织物：羊毛不耐碱，故要用中性洗涤剂或皂片进行洗涤。羊毛织物在30 ℃以上的水溶液中会收缩变形，故洗液温度不宜超过40 ℃。通常用室温（25 ℃）水配制洗涤剂水溶液。洗涤时切忌用搓板搓洗或大力揉搓，一般来说，羊毛衣物不建议机洗；如衣物洗涤说明中标明可以机洗，建议使用柔洗程序，洗涤时间也不宜过长，以防止缩绒。 2）粘胶纤维织物：粘胶纤维缩水率大，湿强度低，水洗时要随洗随浸，不可长时间浸泡。粘胶纤维织物遇水会发硬，洗涤时要轻洗，以免起毛或裂口。用中性洗涤剂或低碱洗涤剂。洗液温度不能超过45 ℃。洗后，把衣服叠起来，大把地挤掉水分，切忌拧绞。 3）涤纶织物：先用冷水浸泡15 min，然后用一般合成洗涤剂洗涤，洗液温度不宜超过45 ℃。领口、袖口等较脏处可用毛刷刷洗。洗后漂洗净，可轻拧绞，置阴凉通风处晾干，不可曝晒，不宜烘干，以免因热生皱。 4）腈纶织物：基本与涤纶织物洗涤相似。先在温水中浸泡15 min，然后用低碱洗涤剂洗涤，要轻揉、轻搓。厚织物用软毛刷洗刷，最后脱水或轻轻拧去水分。纯腈纶织物可晾晒，但混纺织物应放在阴凉处晾干。 5）锦纶织物：先在冷水中浸泡15 min，然后用一般洗涤剂洗涤（含碱大小不论）。洗液温度不宜超过45 ℃。洗后通风阴干，勿晒。 6）维纶织物：先用室温水浸泡一下，然后在室温下进行洗涤。洗涤剂为一般洗衣粉即可。切忌用热开水，以免使维纶纤维膨胀和变硬，甚至变形。洗后晾干，避免日晒。 7）棉织物：棉织物的耐碱性强，不耐酸，抗高温性好，可用各种肥皂或洗涤剂洗涤。洗涤前，可放在水中浸泡几分钟，但不宜过久，以免颜色受到破坏。用洗涤剂洗涤时，最佳水温为40～50 ℃。漂洗时，可掌握少量多次的办法，每次冲洗后应拧干，再进行第二次冲洗，以提高洗涤效率。 8）丝绸织物：丝织品是一种娇嫩的蛋白质纤维，洗涤时必须十分小心。过度的热量和摩擦及在剧烈的碱性条件下，都会损坏这种优质织物的美观和耐用性。洗前，先在水中浸泡10 min左右。忌用碱水洗，可选用中性肥皂、中性洗涤剂。洗涤完毕，轻轻压挤水分，切忌拧绞。 （5）衣物污渍去除方法（演示、实操练习，学员互相检查操作规范）。衣物洗涤前常需要局部清洁污渍。 1）油脂类污渍。油脂是生活中最常见的污渍，有三种清洗方法： ● 干衣预涂法，在衣服干的时候将手洗专用洗衣液原液直接涂抹在油渍处，涂后不要马上洗，静置5 min，再常规洗涤。 ● 较重油渍可使用洗洁精进行干衣预涂处理，再用洗衣皂分解后的水浸泡下，手搓清洗。

续表

教学过程	● 取少许面粉，调成糊状，涂在衣物的油渍正反面，在太阳下晒干，揭去面壳，即可清除油渍。 2）血渍类污渍。 ● 新鲜血渍。任何织物上的新鲜血渍都可用水洗去除，再用肥皂或洗衣粉洗。注意使用冷水，热水会使血渍凝固。 ● 较陈旧的血渍。可以用柠檬汁加盐水清洗。待血渍去除后，再用清水漂洗干净。 3）汗渍类污渍。汗渍对织物纤维有腐蚀作用，且污物渗入布料纤维后无法洗净。所以，汗湿衣服要随换随洗。 ● 先用衣领净或者洗衣皂进行干衣预涂处理，再将衣物放进洗衣机或者手工进行冷水常规洗涤。 ● 把汗渍衣服放在5％的食盐水中浸泡1 h，再轻轻揉搓，用清水洗净。 4）果汁类污渍。衣物溅到果汁（如桃汁、西瓜汁等），新渍可用浓盐水擦拭污处，或立即将食盐撒在污处，用手轻搓，用水润湿后浸入洗涤剂溶液中洗净。 5）普通笔墨渍。干衣时先用湿润的肥皂在笔墨污渍处涂抹，让污渍在肥皂的滋润下停留3～5 min，再用两只大拇指在污渍处轻揉，待笔墨渍溶解后再进行常规洗涤。 （6）衣物洗涤注意事项（讲解、图片实例展示）。 1）不能混洗的衣物： ● 内、外衣物。外衣污渍灰尘较脏，容易污染内衣。 ● 深、浅颜色衣物。深色衣物掉色易使浅色衣物染色。 ● 成人、小孩衣物。小孩的抵抗力弱，成人活动范围广，携带的病毒、细菌容易交叉感染。 ● 家政服务人员与雇主的衣物要分开清洗。 2）需要重点消毒的衣物： ● 身体不适或者去过医院的人群的各类衣物需要重点消毒。 ● 内衣、袜子需分开清洗，要重点消毒。
课堂小结	本课主要学习了衣物的相关知识，重点学习了衣物识别、洗涤及注意事项，通过本次学习能够让我们熟练掌握衣物洗涤的方法，能更好地为雇主提供专业服务，获得雇主的认可与信任。
布置作业	思考：如何更快速地辨别衣物的种类？ 实操：衣物上各类污渍的去除操作。 熟记：衣物标识。
板书设计	1.工具：投影、白板、黑板笔、电脑。 2.要点：标签识别、衣物种类鉴别。 3.注意事项：标签及衣物的区分。
教学反思	如何避免洗涤中出现意外？ 如何在服务中获得雇主的认可？

(4)技能课参考教案——海鲜类菜肴烹饪方法(见表4-6)

表4-6　技能课参考教案——海鲜类菜肴烹饪方法

课程名称	家常菜制作
课题	海鲜类菜肴烹饪方法
教学目标	1. 掌握海鲜类菜肴烹饪方法 2. 掌握辅料的配比 3. 掌握调味料的加入量和时间
教学重难点	1. 海鲜类菜肴烹饪步骤 2. 辅料的配比 3. 火候的掌握
教学方法	讲解法、演示法
教具准备	厨具、调味品、餐具、食材
教学时长	5课时
教学过程	一、新课导入(教师讲述) 各位学员,大家好! 　　在日常的家庭菜肴烹饪中海鲜往往是最受人们欢迎的,不仅因其味道鲜美,还因其食用功效。 　　下面,我们会学习海鲜类菜肴的烹饪方法。 二、核心内容讲授 (板书)海鲜类菜肴烹饪方法 (教师讲述)海鲜类烹饪需要用到以下工具:厨具、调味品、餐具、食材。 (教师展示需要用到的烹饪工具) (教师讲述)海鲜类菜肴烹饪方法如下: 1. 清蒸草鱼 (1)原材料准备 主辅料:草鱼1条(约1 000 g)、姜20 g、葱20 g。 调味料:精盐、蒸鱼豉油、芝麻油、白胡椒粉、食用油。 　　教师重点讲解食材配比,食材的优劣,辅料的作用和添加时机,如何选购新鲜草鱼,如何对食材进行预处理,加入调味料的作用。 (2)制作步骤 1)将姜分别切成姜丝与姜片;葱白部分切成段,葱绿部分切成丝。 2)将草鱼宰杀洗净,用干净的毛巾吸干水分,用刀从鱼腹部内切断脊骨两侧的肋骨。 3)用精盐擦匀鱼身内外,扒开鱼身,在鱼身表面均匀涂抹芝麻油,将鱼放在垫有葱段的碟上,姜片放在鱼身上。 4)将草鱼放入沸水的蒸锅中,加盖,用大火蒸12~15 min至刚熟,取出,去掉鱼碟上的姜片和葱段,同时把碟上的原汁倒掉。 5)将白胡椒粉撒在鱼身表面,将切好的姜丝、葱丝放在鱼身表面。

续表

| 教学过程 | 6）把锅洗干净后烧热，放入蒸鱼豉油煮沸后盛出备用，将食用油加热到180°左右（判断油温可用干木筷子插入油中，筷子周边冒泡时即可），均匀地淋在鱼身上，最后将蒸鱼豉油注入碟边即成。
（3）风味特点及营养价值
1）风味特点：爽滑鲜嫩。
2）营养价值：清蒸草鱼富含不饱和脂肪酸、硒、蛋白质等营养成分。
教师边讲解操作步骤，边示范。学员边听讲边记录，讲解完后，让学员按配比各自准备材料，分组进行实操练习，教师关注每组学员对食材的处理、制作步骤、火候的掌握。出品后对学员的作品进行试吃和评讲。
与学员互动，引导学员思考：其他鱼类是否也可以用相同的方法进行制作？
2.荷兰豆炒虾仁
（1）原材料准备
1）主辅料：鲜虾仁400 g、荷兰豆250 g、蒜20 g。
2）调味料：精盐、白糖、料酒、食用油。
教师重点讲解鲜虾的选购方法，食材配比，辅料的作用，添加时机，如何对食材进行预处理，加入调味料的作用，如：加入白糖是为了提鲜，加入料酒可以去腥……
思考：为什么不需要加豉油/生抽？
教师边示范，边讲解制作步骤。
（2）制作步骤
1）将鲜虾仁清洗干净，去除虾线，然后用少许精盐腌制备用。
2）将荷兰豆洗干净，去头尾，去掉丝；蒜切成末。
3）锅中加入清水烧开，加入少许精盐、食用油，把荷兰豆放入沸水中，煮至八成熟捞出，沥去水分。
4）锅中放入少许食用油，烧热后爆香蒜末，将虾仁放入锅中，加入料酒，翻炒至八成熟，将飞过水的荷兰豆放入锅中一起翻炒均匀，炒熟后用精盐、味精、白糖调味即成。
（3）风味特点及营养价值
1）风味特点：色泽鲜艳，质感爽脆。
2）营养价值：荷兰豆炒虾仁富含蛋白质、矿物质等营养成分。
问：怎样可以快速去除虾线？
　　虾头可以吃吗？怎么做？
　　虾还有哪些吃法？
学员分组进行实操练习，教师关注每组学员对食材的处理、制作步骤、火候的掌握。出品后对学员的作品进行试吃和评讲。
3.清蒸花蟹
（1）原材料准备
1）主辅料：花蟹1只、姜20 g、葱20 g。
2）调味料：花雕酒、红醋。
讲解：花蟹成熟的时期是临近秋季气温开始下降时，这时的花蟹是最肥美的。选 |

续表

教学过程	购花蟹时，要选择壳硬、个头大、重量足、腹部有粉色、蟹嘴张合速度快、活力强的花蟹。新鲜的花蟹眼睛还能灵活闪动，口中还吐着泡沫。 由于螃蟹性寒，一般爆炒螃蟹时都会加姜、葱、蒜做调料，还可以驱寒去腥，而吃清蒸螃蟹时要在醋中加适量切成碎末的生姜，蘸而食用之。一是可抵消螃蟹的寒性，起到杀菌作用，二是蟹肉蘸醋可以去腥并增加螃蟹的鲜味。 （2）制作步骤 1）将花蟹用刷子刷洗干净。 2）将姜分别切成姜片与姜丝，葱切成葱段。 3）将绑好的花蟹放在碟上，在蟹面上放上姜片、葱段，浇上少许花雕酒。 4）将花蟹放入沸水的蒸锅中，加盖用大火隔水蒸15分钟至全熟，拿出拆绳。 5）最后在红醋中加入姜丝，用作调味汁蘸食。 （3）风味特点及营养价值 1）风味特点：清香四溢，蟹味鲜美。 2）营养价值：清蒸花蟹富含蛋白质、矿物质等营养成分，有理胃消食、清热滋阴的功效。 教师边讲解操作步骤，边示范操作，学员边听讲边记录，讲解完后，让学员各自准备材料，分组进行实操练习，教师关注每组学员对食材的处理、制作步骤、火候的掌握。出品后对学员的作品进行试吃和评讲。 （4）扩展知识 1）脾胃虚寒、大便溏薄、腹痛、风寒感冒未愈、宿患风疾、顽固性皮肤瘙痒疾患的人忌食花蟹。 2）吃蟹前后1 h内不可饮茶和冷饮，否则不利于消化吸收；不能与柿子同食，可能会引起呕吐、腹痛、腹泻等反应。 4.豉椒炒花甲 （1）原材料准备 1）主辅料：花甲（即蛤蜊）500 g，青、红辣椒各1根，姜20 g，葱20 g，蒜20 g，豆豉10 g。 2）调味料：精盐、味精、白糖、生抽、蚝油、料酒、生粉、食用油。 教师讲解：花甲又叫蛤蜊，不但味道鲜美，而且含有丰富的蛋白质、脂肪、碳水化合物，另外还含有丰富的钙、磷、镁、铁、锌、硒、维生素A、维生素E、维生素B_2等多种人体必需的微量元素，属于高蛋白、低脂肪的美味食物。 （2）制作步骤 1）分别将青、红辣椒开边切成菱形片，姜切成片，葱切成段，蒜切成末，豆豉剁碎。 2）把锅烧热，加入少许食用油，将辣椒片、姜片、葱段、蒜末、豆豉碎放入锅中炒香。 3）放入洗干净的花甲，加入少许料酒及适量清水，用精盐、味精、白糖、生抽、蚝油、料酒调味，翻炒均匀后加盖焖煮。 4）待花甲全部开盖后，用湿生粉勾芡，最后加入少许热油即成。 （3）风味特点及营养价值 1）风味特点：色泽美观，味道咸鲜。

续表

教学过程	2）营养价值：豉椒炒花甲富含钙、镁、碘等微量元素。 　　教师边讲解操作步骤，边示范操作，学员边听讲边记录，讲解完后，让学员各自准备材料，分组进行实操练习，教师关注每组学员对食材的处理、制作步骤、火候的掌握。出品后对学员的作品进行试吃和评讲。 　　思考：花甲还有什么吃法？（花甲粉、花甲蒸蛋、爆炒花甲） 　　（4）扩展知识：花甲去沙的方法 　　1）花甲放入盆中，加入适量的清水，再加一些食盐，用手搅拌均匀，浸泡至少2 h，花甲就能吐净泥沙。 　　2）泡花甲时少加点水，用盖子盖起来使劲摇晃，花甲就会自动地快速吐沙，5 min左右就能吐干净。 　　3）花甲放入少量清水中，倒入一勺白醋搅拌均匀。醋的酸味会对花甲产生强烈的刺激，使花甲快速吐沙，5 min就能吐干净。 　　5.红焖海参 　　（1）原材料准备 　　1）主辅料：水发海参500 g、五花肉500 g、鸡肉500 g、虾米25 g、湿冬菇100 g、甘草3 g、姜20 g、葱20 g。 　　2）调味料：精盐、味精、生抽、老抽、料酒、白酒、芝麻油、食用油。 　　讲解：怎样泡发海参。 　　1）将干海参放在干净的盘中，不要有一点油渍，用清水洗净，再倒入纯净水，然后放入冰箱冷藏，每天换一次水，泡1~2天后，海参变软，将海参从肚下剪开，去掉海参的牙齿（沙嘴），再把海参冲洗干净。 　　2）无油渍的锅中加入足量清水烧开，再放入海参，转小火煮30~60 min左右，煮到海参可以用筷子插透，关火，自然冷却。 　　3）取出海参放到干净盆里，加入纯净水泡着放冰箱冷藏，每天换一次纯净水，两天就泡发好了。一次吃不完的可以用保鲜膜包好，放到冰箱冷冻室冷冻，随吃随取。 　　泡发好的海参可以直接食用，也可以做葱烧海参、海参蛋羹、鲍鱼海参、海参烧汤。 　　（2）制作步骤 　　1）将水发海参切成约长6 cm、宽2 cm的块；鸡肉、五花肉均切成小块；姜切成片，葱切成段。 　　2）将水发海参块放入沸水中加热6 min，捞起。 　　3）把锅烧热，加入食用油，加入姜片、葱段、精盐、白酒略炒，再加入适量清水，下海参，煨约2 min后，去掉葱段、姜片，捞起海参沥去水分。 　　4）将炒锅洗净放灶上烧热，加入食用油，放入海参略炒后，倒入用竹垫子热底的砂锅里。 　　5）再次烧热锅，加入食用油，放入鸡块、五花肉块，烹入料酒，加入生抽、老抽、甘草翻炒均匀，倒入装有海参的砂锅里，并加入适量清水。 　　6）将砂锅加盖用猛火烧沸后，改用小火焖约1 h，再加入冬菇、虾米继续焖约30 min至软烂。

续表

教学过程	7）去掉甘草，捞出海参、鸡块、五花肉块、冬菇、虾米，放入盘中，原汁留用。 8）中火烧热砂锅中的原汁，加入精盐、味精烧至微沸，用生粉水勾芡，最后加入芝麻油推匀，淋在上一步装盘的海参上即成。 （3）风味特点及营养价值 1）风味特点：咸鲜可口，爽滑嫩弹。 2）营养价值：海参是一种高蛋白、低脂肪、低胆固醇的食物。红焖海参富含蛋白质、脂肪、矿物质等营养成分，具有滋补身体的功效。 教师边讲解操作步骤，边示范操作，学员边听讲边记录，讲解完后，让学员各自准备材料，分组进行实操练习，教师关注每组学员对食材的处理、制作步骤、火候的掌握。出品后将学员的作品进行试吃和评讲。 （4）扩展知识 1）海参不可与酸性食物同食，不可与茶类同食。另外，患急性肠炎、菌痢、感冒、咳痰、气喘及大便溏薄、出血兼有瘀滞及湿邪阻滞的患者忌食海参。 2）海参碰油会融化，所以发泡海参的器皿一定要无油。 6.海鲜类菜肴烹饪的注意事项（教师讲述） （1）需注意烹饪食材的切割技巧。 （2）掌握好烹饪时间，避免食材过老。 （3）火候的变化需要掌握到位。
课堂小结	本节课我们学习了海鲜类菜肴的烹饪，海鲜类食品由于脂肪酸比较多，能够有效地加快血液的流动起到一种新陈代新的作用，所以在日常的烹饪中，海鲜食品对人的益处很大。 对于食品烹饪所需要注意的点还需要继续多锻炼。
布置作业	思考：烹饪时如何能够更好地掌握火候？
板书设计	1.工具：厨具、调味品、餐具、食材。 2.步骤：食材准备、调味品准备、烹饪。 3.注意事项：切割技巧、烹饪时间、烹饪火候。
教学反思	1.学员是否已经了解烹饪时需要注意的要点。 2.家政服务人员在烹饪前，一定要了解清楚雇主及家人的饮食喜好与禁忌。 3.同样的食材有不同的做法，要学会举一反三。

（5）持能课参考教案——老年人日常护理（见表4-7）

表 4-7　技能课参考教案——老年人日常护理

课程名称	养老护理
课题	老年人日常护理
教学目标	1.了解老年人的生理与心理特点、休息与睡眠特点 2.掌握老年人的常见心理问题及护理方法

续表

教学目标	3. 掌握老年人日常生活护理及注意事项 4. 掌握老年人的饮食原则及进餐的护理方法 5. 掌握老年人皮肤清洁与衣着卫生要求
教学方法	讲授法、小组讨论、示范、演练
教具准备	投影、白板、黑板笔、电脑、模特、轮椅
教学时长	8课时（本教案可分8课时完成，要给学生足够的练习时间）
教学重难点	1. 老年人日常生活护理知识 2. 老年人排泄护理 3. 老年人休息与活动护理
教学过程	一、导入（教师讲述） 各位学员，大家好！ 在家政服务中，养老护理工作是一项非常重要的工作，现代家庭服务工作分工越来越细，养老护理已经成为一个独立的岗位，但仍有很多家庭需要家庭管理岗的服务人员协助养老护理，因此，我们应该学习养老护理的相关知识。 本课程主要学习老年人的生理和心理变化问题、老年人的日常护理知识。 投影：教学目标 1. 了解老年人生理与心理特点、休息与睡眠特点 2. 掌握老年人的常见心理问题及护理 3. 掌握老年人的日常生活护理及注意事项 4. 掌握老年人的饮食原则及进餐的护理方法 5. 掌握老年人的皮肤清洁与衣着卫生要求 二、新课讲授 1. 老年人的生理变化（图片、视频案例） （1）身体：老年人须发变白，脱落稀疏；皮肤变薄，皮下脂肪减少；结缔组织弹性降低导致皮肤出现皱纹；牙龈组织萎缩，牙齿松动脱落；身高、体重随增龄而逐渐变矮和减轻，弯腰、弓背。 （2）骨骼：老年人骨骼会逐步变脆，骨髓的再生能力会降低，骨骼肌萎缩，骨钙丧失或骨质增生，关节活动不灵。因此，老年人摔倒容易发生骨折且恢复期很长。 （3）感知：老年人的各项感知器官会衰退，感知能力会退化，视力和听力下降。眼角膜逐渐变厚，晶状体混浊变黄，视力模糊，对明暗度感觉能力降低，需要较长的时间来适应光线的明暗变化；对色差的识别能力下降，鲜艳的色彩会变得灰暗，难以辨别相似的颜色。 老年人的听力也开始衰退，会经常性地短时间内失去听力和对高频声不敏感。老年人在交谈时喜欢靠近交谈者。因此，老年人倾向于安静的、尺度较小的、围合感较强的社交空间。 由于新陈代谢减缓以及肌肉反应能力减退，老年人舌头上的味蕾减少，导致对食物的感知程度降低。老年人的触觉、味觉和嗅觉等方面的感知能力均明显下降。 （4）神经系统：由于老年人脑细胞的减少造成其反应迟钝、思考能力降低、记忆力衰退、思维活动减慢、对新环境的适应能力不强，老年人容易迷路或转向。

续表

| 教学过程 | （5）心血管系统：随着老化进程，老年人的心肌逐渐萎缩，心脏变得肥厚硬化，弹性降低，心脏收缩能力减弱，心输出量降低，心肌供血不足，直接影响各器官功能的发挥，导致老年人对温度、湿度和气候的反应不太灵敏，适应能力减弱。
教师：人老了身体会发生哪些变化？
小组讨论：列出6个以上的明显变化，并用案例说明。
2. 老年人的心理特点
（1）脑功能下降，记忆力衰退。老人喜欢回忆，注意力难集中，情绪易激动，思维缺乏创造性。
（2）情绪不稳定，自控能力差，经常被负面情绪控制。易被激怒，动不动便大发雷霆，或易哭泣，经常产生抑郁、焦虑、孤独感、自闭和对死亡的恐惧等心理。对外界的人和事漠不关心，不易被环境激发热情，还经常出现消极言行。
（3）保守，固执己见。容易坚持自己的意见，不愿意接受新事物、新思想，经常以自我为中心，很难正确认识和适应生活现状。
（4）喜安静、惧孤独，不耐寂寞。多数老年人由于神经抑制高于兴奋，故不喜嘈杂、喧闹的环境，愿意在安静、清闲的环境中生活、工作和学习。
（5）渴望健康长寿。希望自己有一个健康的身体，不给后辈增加负担，尽可能达到延年益寿。
老年人常见的心理变化：
✓ 产生衰老感
✓ 孤独寂寞
✓ 空虚无聊
✓ 情绪多变
✓ 人老健忘
✓ 人老话多
✓ 睡眠不调
案例：爱发脾气的杨爷爷；央视公益广告中"老年人要将饺子装衣袋里带回家给儿子吃"。
这些案例中的老年人为什么会有这样的行为？
请学员根据老人的生理、心理问题进行分析。
3. 老年人常见疾病（图片、视频案例）
老年人由于身体机能退化，或多或少地会出现一些疾病，其中最严重的疾病是由心血管引起的疾病，如心脏病、中风等。这些可能导致残疾、智力下降、记忆下降、精神敏感和老年人的奇怪行为，甚至是致命的事故，如心绞痛（胸部剧烈疼痛）、心力衰竭。
即使没有这些严重的疾病，老年人仍患有身体反应迟缓、视力和听力不良、吞咽困难、关节疼痛等症状。
随着年龄的增长，患上精神疾病的可能性也越来越大。
所有这些都使老年人需要依赖他人，有时甚至成为家庭的负担。
教师：你们家里有老年人吗？他们的身体状况是怎么样的？你平时接触的老年人有以上哪些症状？请列出症状并说出原因。 |

续表

| 教学过程 | 学生：略
教师：面对这样的老年人，我们应该如何照顾？
一名合格的护理员必须具备三个基本要求：爱、耐心和专业的工作技能。
一些老年人偶尔会抑郁，被疾病折磨的人更加容易情绪化。
虽然患病的老年人可能会从家人那里得到关怀，从医生那里得到医疗照顾，但实际上他们是由护理员日夜陪伴的。
有爱心、耐心和专业工作技能的护理员，才可以为患病老年人提供最好的照顾。
一名好的护理员永远不会忘记给他/她的病人带来温暖、自信、勇气和力量。
养老护理原则（指南）：（教师讲述）
（1）为了让老年人接受你，你最好努力成为这个家庭中的一员，并向其表达你的担忧。不要仅仅因为一些挫折而拒绝他，否则，他会变得更沮丧，更难相处。
（2）帮助老年人保持舒适和干净的外表，让他感到自尊和愉快的心情。老年人在冬天不需要每天洗澡，否则他可能会皮肤瘙痒。老年人的指甲（尤其是脚趾甲）变得又厚又硬，在修剪之前应该用温水软化。
（3）鼓励老年人尽可能自己服药，不要让他依靠喂药。护理员要注意服药的时间、数量和服药方法，还要检查他是否真的吞下了这些药丸。
（4）鼓励老年人移动自己的身体，不要让他总是躺在床（或椅子）上。如果不允许外出，就让他在家里四处走走。
（5）确保安全，防止老年人发生意外事故。老年人走路蹒跚，如果他倒下，可能会发生骨折。不要让他爬高或弯下腰去捡东西。要保持卫生间的地面干燥和干净，陪他去户外时用手搀扶他。
（6）如果老年人只能躺在床上，在进食前，尽量用软垫支撑住他身体的上部，以避免吞咽困难。在帮助老年病人起床时要特别注意。
（7）为老年人选择富含钙、维生素 C 和 B_2 的食物，如牛奶、水果等。
（8）给老年人创造一个安静平和的环境，避免在家里制造噪声，如将金属材料掉在地板上，或大声摆放桌子等。
（9）老年人不宜暴露在多风的空气中，比如直接吹到身体，因为这对他的健康不利。
（10）缩短老年人白天的午睡时间，使其正常睡眠不受影响。
【案例】77 岁大爷遭护工虐待
4.老年人日常生活护理
（1）饮食护理（讲解护理不当导致事故发生的案例）。科学的饮食与营养是维持生命活动的基础，而老年人的咀嚼及消化功能逐渐衰退，因此，老年人的饮食护理需要特别细心。
老年人的饮食原则：
✓ 平衡膳食
✓ 易于消化
✓ 温度适宜
✓ 习惯良好
✓ 注意卫生 |

续表

教学过程	
	老年人每日饮水量一般以 1 500 mL 左右为宜；荤素搭配，青菜与肉类最佳比例在 1∶3 至 1∶4；细嚼慢咽，可以减轻老年人肠胃的负担；饮食有节，老年人切忌暴饮暴食；老年人的食物要低盐低油，清淡为宜。 展示图片：老年人的营养搭配图。 （2）老年人进餐护理步骤（示范，角色扮演）。 1）准备整洁、温度适宜的进餐环境。 2）护理人员服装整洁，洗净双手。 3）询问老年人是否排便，如有，协助排便并洗净老年人的双手。 4）准备餐具、食物、围裙、纸巾、小桌、口腔清洁用品。 5）向老年人说明进食时间和进食的食物，听取其特殊要求。 6）根据老年人的情况选择合适的体位。 7）鼓励能自行进餐的老年人自行进餐；叮嘱其细嚼慢咽，提醒进食时不要讲话。 8）不能自行进食的老年人，护理员要喂食，每口食物的量为 1/3 匙，等老人咽下后再喂下一口。 9）对视力障碍者，应将盛有温热食物的餐碗及汤匙放入老年人手中，告知食物种类，特别是带骨的食物，鱼类要先帮助剔除鱼刺。 10）进餐后给老年人漱口，叮嘱其保持进餐体位 30 min 后再卧床休息。 11）餐具清洁消毒。 学生扮演老年人和护理者，演示整个进餐护理过程，点评操作步骤规范性。 （3）进餐护理注意事项（讲解）。 ✓ 食物温度适宜（20～40 ℃为宜）。 ✓ 进餐后不要让老年人立即平卧休息。 ✓ 对咀嚼或吞咽障碍的老年人，可将食物打碎成糊状。 ✓ 发生呛咳噎食等现象，立即急救处理。 5. 老年人活动（讲解、视频案例）。 活动可促进老年人新陈代谢，使组织器官充满活力，且能增强和改善机体功能，从而延缓衰老。但老年人的活动要掌握强度，可以通过日常生活自理，参与家务劳动，参加娱乐活动，参加体育锻炼等。 老年人活动注意事项： （1）根据老年人年龄、健康情况、场地选择合适的活动项目。 （2）要循序渐进，先选择活动量小的活动，再逐渐增加活动量和活动时间、活动频率。 （3）要持之以恒，通过锻炼增强体质，防治疾病要有一个逐步积累的过程。 （4）活动时间以每天 2 次，每次 30 min 左右，一天活动时间不超过 2 h 为宜。 （5）活动场地尽可能选择空气清新、安静清幽的公园、树林、操场等。 （6）老年人体弱，患有多种慢性疾病，或平时有气喘、心慌、胸闷、全身不适者，应咨询医生并遵医嘱进行活动，避免发生意外。 （7）老年人运动锻炼既要有足够的量，又要绝对平安，对患有心血管疾病、呼吸疾病和其他慢性疾病的人来说尤为重要，要防止因过度疲劳而诱发疾病。 视频：老年人活动不当导致意外，强调老年人活动的注意事项

续表

| 教学过程 | 6.老年人的休息与睡眠（讲解）
老年人随着年龄的增长而入睡困难，睡眠时间缩短，睡眠变浅，中途觉醒增多。老年人睡眠时间通常比青壮年少，每天约 6 h。
影响老年人睡眠的因素一般有：年龄、疾病、药物、精神心理以及环境因素等。
老年人的休息与睡眠护理的注意事项：
（1）请医生进行全面评估，找出睡眠质量下降的原因并遵医嘱进行处理。
（2）为老年人提供舒适的睡眠环境，调节卧室的光线和温度，保持床褥干净、整洁，并维持安静。
（3）帮助老年人养成良好的睡眠习惯。
（4）晚餐防止过饱，睡前不饮咖啡、浓茶、酒或大量水，提醒老年人入睡前如厕，以免夜尿增多而干扰睡眠。
（5）避免情绪波动过大而影响老年人睡眠，如心理紧张、不安或兴奋；或朋友去世后对心理的影响，对自己体力衰退、疾病、死亡的担忧等。
（6）规律锻炼，减少应激，鼓励老年人参加力所能及的日间活动。
7.老年人皮肤清洁与衣着卫生要求
老年人的皮肤随着年龄增长，逐渐老化，生理功能和抵抗力降低，皮肤疾病也逐渐增多，因此，保持皮肤清洁、讲究衣着卫生，是老年人日常生活护理必不可少的内容。
（1）定期洗澡、洗头，适当沐浴可清除污垢、保持毛孔通畅，利于预防皮肤疾病；夏季每天 1 次，其余季节每周 1~2 次温水洗浴，皮脂腺分泌旺盛、出汗较多的老年人，沐浴次数可适当增多；沐浴的室温调节在 24~26 ℃，水温则以 40 ℃ 左右为宜，时间以 10~15 min 为宜。
（2）切记饱食或空腹均不宜沐浴，应选择在饭后 2 h 左右进行，以免影响食物的消化吸收或引起低血糖、低血压等不适。
（3）洗浴时应注意避免使用刺激性的碱性肥皂，宜选择弱酸性的硼酸皂、羊脂香皂或沐浴液等，沐浴用的毛巾应柔软，洗时轻擦，以防损伤角质层。
（4）在晚间可用热水泡脚后用磨石板去除过厚的角化层，再涂护脚霜，避免足部的皲裂，已有手足皲裂的老年人可在晚间沐浴后或热水泡手足后涂上护手、护脚霜，再戴上棉质手套、袜子，穿戴一晚或一两个小时，可有效改善皲裂状况。需使用药效化妆品时，首先应观察老年人皮肤能否耐受，是否过敏。要以不产生过敏反应为前提，其次再考虑治疗效果。
（5）定期洗头。老年人由于生理性退化，皮肤毛囊数目逐渐减少，头发会出现干枯、变细、脱落、易折断、变白等变化，做好头发的清洁和保养，可减少脱落、焕发活力。应根据自身特点定期洗头，干性头发可每周清洗 1 次，油性头发则可每周清洗 2 次。有条件者可根据自身头皮性质选择合适的洗发、护发用品。如皮脂分泌较多者可用温水及中性肥皂，头皮和头发干燥者则清洁次数不宜过多，应注意选用洗发乳或含脂皂清洗，并可适当使用护发素、发膜等护发产品。
（6）老年人衣着卫生不仅关系老年人的冷暖和个人形象，还会影响其身心健康。
老年人衣着应以清洁、舒适、端庄、合体为原则。内衣应选用质地松软、光洁、透气性好、不刺激皮肤的棉织品、麻、丝织品；外衣随季节不同而各取所宜。衣服 |

续表

教学过程	式样要求较宽大，便于穿脱、不阻碍活动及便于变换体位。按气温变化及时增减，注意防暑、保暖。 模拟老年人洗头、洗澡和操作，学生练习操作步骤。
课堂小结	本课主要学习了老年人的身心变化特点及护理要求、注意事项等，希望同学们认真练习，熟练掌握长者的各项护理技能。
布置作业	调查：你身边的老年人在智力、记忆、思维、人格等方面有哪些变化？ 练习：用学习的知识，练习照顾老年人。
板书设计	略
教学反思	1. 根据你的经验，老年人患病有什么特点？ 2. 你周围的老年人有哪些活动？要如何指导老年人活动？

（6）技能课参考教案——产妇的照护（见表4-8）

表4-8 技能课参考教案——产妇的照护

课程名称	母婴护理
课题	产妇的照护
教学目标	1. 学习产妇的生理特点 2. 产妇的营养 3. 产妇的日常护理
教学重难点	1. 掌握产妇每个时间段的生理变化 2. 掌握产妇的护理要点
教学方法	演示法、讨论法、案例法
教具准备	电脑、投影、白板、毛巾、湿纸巾、水盆等
教学时长	2课时
教学过程	一、新课导入（教师讲述） 各位学员，大家好！ 产妇的护理工作是家政服务工作中需求较多的一项专业工作，要做好这项工作，就必须了解产妇生理特性的变化以及日常护理要点。今天，我们就来学习产妇的护理相关知识和技能。 二、核心内容讲授 （板书）产妇照护 （教师讲述）掌握产妇照护每个时间段。 （教师展示需要用到的清洁工具） （教师讲述）产妇照护 1. 产妇的生理特点 （1）轻微发热，出汗。产妇产后一两天内会有轻微发热（一般不超过38.5 ℃）和

续表

| 教学过程 | 出汗症状，短暂时间内会自然消失。
（2）恢复生殖功能。分娩后数日，因子宫尚未恢复常态，会出现宫缩，小腹常有轻微阵痛，大约6周后子宫恢复到孕前大小。这段时间会出现恶露流出，颜色由深变浅，其量也由多变少，生殖系统的功能会逐步得到恢复。
（3）开始分泌乳汁。分娩后2～3天产妇开始分泌初乳，持续7天后逐渐变为成熟乳。正常分娩后半小时内就应让新生儿吸吮产妇乳头，以刺激乳汁早分泌。
（4）需要营养补充。分娩后，产妇自身器官正处于修复阶段，需逐步补偿其在妊娠、分娩时所损失的营养储备，满足器官修复的需求，使身体尽快复原，同时保证有充足的乳汁供给婴儿。
为了让学员更直观地了解产妇的生理变化，可以用图片、视频来加以讲解。学员也可以通过观察，发现变化。
2.产妇的营养与饮食指导
（1）产妇营养及饮食补充的原则。产妇每天要分泌600～800 mL乳汁来喂养婴儿，加之修复自身器官的需要，保证其足够的营养供给是十分必要的；但要避免盲目补充营养，中医"虚不受补"讲的就是这个道理。对此，家政服务人员要做到心中有数，因人而异、科学合理地照顾好产妇。
（2）对顺产产妇的膳食要求（PPT展示适合吃和不适合吃的食物列表、图片）。
1）产后的1～2天，产妇应吃一些容易消化、刺激性小、清淡但富含营养的食物，如红糖水、藕粉、蒸蛋羹、蛋花汤、大米粥、小米粥、面条等。不要吃过于油腻的食物，辛辣刺激的东西最好不要吃。
2）产后的3～4天，产妇泌乳后应多喝汤，如鸡汤、排骨汤、猪蹄汤、鲫鱼汤等，这些汤可促进乳汁分泌并提供丰富的蛋白质、脂肪、矿物质和维生素等，同时不能偏食，既要吃精米面，也要吃粗杂粮，更要多吃一些新鲜蔬菜，以保证乳汁的质量。
3）随着产妇体力的恢复，其消化能力也在增强，应逐渐增加含有丰富蛋白质、碳水化合物及适当脂肪的食物摄入，如蛋、鸡、鱼、瘦肉、肉汤、排骨汤等。还要注意补充维生素及矿物质，多吃些新鲜水果和蔬菜等。
（3）对剖宫产产妇的膳食要求。
1）剖宫产的产妇在手术6小时以后宜喝萝卜汤，可以帮助因麻醉的胃肠道加强蠕动，促进排气。
2）手术后第1天，产妇应以稀粥、米粉、藕粉、果汁、鱼汤、肉汤等流食物为主，分6～8次食用。避免食用牛奶、糖等容易引起胀气的食物。
3）手术后第2天，产妇可吃些稀、软、烂的半流质食物，如肉末粥、肝漪蛋羹、烂面条等，每天吃4～5次，保证营养充分吸收。
4）手术后第3天，产妇可以吃普通饮食了。注意补充优质蛋白质、各种维生素和微量元素，可选用主食350～400 g、牛奶250～500 mL、肉末150～200 g、鸡蛋2～3个、蔬菜和水果500～1 000 g、植物油30 g左右以有效保证产妇的充足营养。
5）注意事项：产后6 h内应禁食，6 h后吃流食，排气后才能吃半流质食物，大便后的膳食可参照顺产正常进食。
（4）产后普通膳食要求。
1）主食粗细搭配。主食除精制米面外，适当搭配一些杂粮，如小米、红小豆、黑 |

续表

教学过程	米、燕麦等。每日以 4~5 餐为宜。 2）补足优质蛋白质。优质蛋白质有利于伤口愈合和防止感染。含优质蛋白质的动物性食品有鱼类、禽类、瘦肉等，植物性食品有大豆及豆制品等。 3）多食含钙食品。奶及奶制品含钙量最高（如牛奶、酸奶、奶粉、奶酪等），并且易于吸收，每日应至少摄入 250 g。此外，小鱼、虾皮含钙丰富，可以连骨带壳一起食用。深绿色蔬菜、豆类也含有一定量的钙，可增加乳汁含钙量，有利于新生儿补充钙。 4）多食含铁食品。肉类、鱼类、动物的肝脏及绿叶类蔬菜（如油菜、菠菜等）含铁量丰富，有利于预防和纠正贫血。 5）多食蔬菜和水果。新鲜的蔬菜和水果可以维持体内酸碱平衡，增加食纤维，预防产妇便秘。要纠正产后禁吃蔬菜和水果的陋习。 讲完这几种情况的膳食要求后，用测试题帮助学员复习和记忆，掌握什么情况适合吃哪些食品。 3.产妇的日常护理 （1）分娩后的会阴护理。 1）会阴部每天清洗 2 次，要用专用纯棉毛巾和洗盆。 2）用温巾纸把血擦干净，再用 38~40 ℃的温开水将毛巾浸湿擦洗。 3）更换卫生巾。 （2）床上擦浴。 1）调节好室内温度，以 24 ℃为宜，关好门窗，准备好擦浴用品，将热水调至 50~60 ℃。 2）按"自上而下"的顺序进行擦洗。 3）擦干身体后，涂上爽身粉，并为产妇换上干净的棉质衣服。 4）整理床铺，及时更换干净的床单。 （3）产后运动。 第 1 天，仰卧，两手放腹部，做抬头动作。 第 2 天，仰卧，做上肢外展与内收动作。 第 3~4 天，仰卧，上肢做升臂过头动作。 第 5~6 天，仰卧，两腿交替做屈伸动作，并做收缩肛门动作。 第 7~8 天，做幅度较大的四肢运动，仰卧、两腿上举、髋关节屈伸动作。 第 9~10 天，做膝胸卧位活动。 以上运动每天做 4~5 次，每次 6~8 组。 教师示范运动，学员跟学，不断练习，分组练习，互相指出运动不规范的地方。
课堂小结	本课学习了产妇的生理特征、膳食要求及产后护理知识，同学们课后要多练习，特别是产后护理的技能及注意事项。
布置作业	思考：产妇应多补充哪些食品？（举例子） 作业：产妇护理操作技能练习。
板书设计	产妇照护 1.产妇生理特性

续表

板书设计	2.产妇营养健康 3.产妇护理
教学反思	如何做一名合格的产妇照护员？除了技能外，还应掌握哪些知识？

（7）技能课参考教案——幼儿心理行为问题及照顾（见表4-9）

表4-9 技能课参考教案——幼儿心理行为问题及照顾

课程名称	儿童日常照料与生活指导
课题	幼儿心理行为问题及照顾
教学目标	1.了解幼儿心理行为问题的类型和特征 2.掌握问题幼儿的照护方法及要点
教学重难点	1.幼儿心理行为障碍干预 2.问题幼儿的照护方法
教学方法	演示法、小组讨论法、案例法
教具准备	投影、视频素材、图像素材、PPT、电脑等
教学时长	4课时
教学过程	一、课程导入（教师讲述） 各位学员，大家好！ 在现代社会中，家庭、个体变得越来越孤立。如今父母对于孩子的期望值越来越高，但同时父母缺乏一定的心理学知识，这就使得婴幼儿心理行为问题越来越突出。婴幼儿心理行为问题的种类很多，常见的有注意力缺陷多动障碍、口吃、遗尿症、儿童孤独症、儿童焦虑障碍、抽动症等。 二、核心内容讲授 （板书）幼儿心理行为问题 （投影）教学内容、目的 1.幼儿心理行为问题的类型和特征 2.幼儿心理行为产生的原因和鉴别方法 【案例】 小光，4岁，是一个活泼好动的小男孩，母亲说他从小就"不老实"，父母跟他说话时他总是喜欢东张西望。现在小光上幼儿园了，老师讲话时他也不能集中精力听，老喜欢玩橡皮，把椅子弄得"咯吱咯吱"响，做游戏时一言不合就跟其他小朋友发生冲突。 （讨论环节） 问题： 1.你知道小光最有可能得了什么疾病吗？ 2.怎么帮助小光呢？

续表

| 教学过程 | 通过讨论，让学生进一步明确心理行为障碍疾病的相关知识。
1. 幼儿常见的心理行为问题类型与特征
（1）咬指甲：指甲是儿童时期很常见的不良行为，男女儿童均可发生。程度轻重不一，重者可引起局部出血，甚至甲沟炎。爱咬指甲的孩子常伴有睡眠不安和抽动。
（2）吮吸手指：吮吸手指在婴儿期是一种常见的现象，到2~3岁以后，这种现象会明显减少。随着年龄的增长，会逐渐消失。如不消失，则是一种不良的行为偏差。
（3）屏气发作：指婴幼儿在受到刺激哭闹时，在过度换气之后出现屏气、呼吸暂停、口唇青紫、四肢僵硬，严重者可出现短暂的意识障碍。短则半分钟到1分钟，长则2分钟到3分钟。多见于2岁以内的孩子。
【案例】
欣欣，男，1周岁，晚上洗好澡后躺在床上，爸爸给他穿衣服的时候，他好像很不开心，"嗯哼嗯哼"地叫，妈妈从他身边经过，没理他就走开了，这下他大哭了起来，嘴巴张着不出声的那种，好几秒过去了，还没有哭出声，妈妈从卫生间跑出来，爸爸拉着他的小手拉他坐起来，接着抱起来举高，欣欣还是那个样子，嘴巴张着没有声音。爸爸把欣欣放下来，横抱竖抱，还是一样，发现宝宝的嘴唇越来越黑，脸色越来越青，妈妈摸小脚，小脚勾起来，僵硬，几分钟之后，欣欣终于有了微弱的声音，哭出来了，两只眼睛盯着妈妈看，过了好几秒欣欣才放声大哭，妈妈这才放心。
（4）口吃：指说话时言语中断、重复、不流畅的状态，是儿童期常见的语言障碍。约有半数口吃的儿童在5岁前发病。
（5）言语发育延迟：指儿童口头语言出现较同龄正常儿童迟缓，发展也比正常儿童缓慢。一般认为18个月不会讲词语，30个月不会讲短句者均属于言语发育延迟。
（6）选择性缄默症：指已获得语言能力的孩子，因为精神因素的影响，在某些特定场合保持沉默不语。如在学校里不讲话，但在家里讲话。这种心理问题多在3~5岁时发病。
【案例】
小红在幼儿园上大班，在班上一天不说一句话，也不跟其他小朋友一起玩耍，常常一个人独自玩些小玩具。当别的小朋友想跟她一起玩时，她不愿意，只是摇头摆手，也不说话。但根据家长反映，该幼儿在家里和熟悉的亲友面前有说有笑，言语自如，跟在幼儿园简直就是两个样。家长曾带其到医院进行智力测试，并无发现异常。家长为此困惑不解。
（7）遗尿症：指5岁以上的孩子还不能自己控制排尿，夜间经常尿湿床铺，白天有时也尿湿裤子。多见于5~10岁的儿童，男孩多于女孩。
（8）入睡困难：指儿童在临睡时不愿上床睡觉，即使是躺在床上，也不容易入睡，在床上不停地翻动，或反复地要求父母给他讲故事，直到很晚才能勉强入睡。
（9）夜惊：指在睡眠中突然惊醒，瞪眼坐起，惊惶失措，表情痛苦，常伴有哭喊、气急、出汗等症状，多半发生在入睡后2 h内，醒后不能回忆。以5~7岁的儿童最为常见。
【案例】
宝彤，女，4岁，足月顺产出生，既往生长发育正常，口齿伶俐，深得爷爷奶奶、 |

续表

教学过程	父母的宠爱。大人们凡事一般都顺着孩子。上周孩子闹脾气，不听大人的劝告，父亲怕孩子被宠坏，百般无奈下打了宝彤一顿，还把孩子关在黑黑的厕所里面。此后，宝彤每晚在入睡1小时后，总是突然尖声哭叫，紧抱大人不放，表情恐惧，呼吸急促，大汗淋漓，任凭家人怎样安慰、抚拍均无效，叫名字也无反应，每次要闹十来分钟，后又安然入睡，第二天毫无记忆。 （10）睡行症：指睡眠中突然睁眼，坐起凝视，下床走动。多半发生在睡后2 h内，醒后不能回忆。见于任何年龄的儿童，多见于5~12岁儿童。 【案例】 在马萨诸塞州里维尔市，一个小男孩在睡梦中离开自己的家，五个小时之后，他醒来时却躺在陌生的客厅里的一张沙发上。他对自己如何来到这里却一无所知。在爱阿华大学，有一个大学生，其奇怪习性令人百思不得其解：他半夜起床，走出去，沿着爱阿华河走四分之三英里，还经常在河里游泳一次，然后回宿舍上床睡觉。 （11）攻击行为：指因为欲望得不到满足，采取有害他人、毁坏物品的行为。儿童攻击行为常表现为打人、骂人、推人、踢人、抢别人的东西（或玩具）等。攻击方式可分暴力攻击和语言攻击两大类，男孩以暴力攻击居多，女孩以语言攻击居多。 （12）退缩行为：指胆小、害羞、孤独、不敢到陌生环境中去，不愿意与小朋友们玩的不良行为。 【案例】 兰兰，5岁，女，上幼儿园中班。兰兰初到幼儿园时长得瘦小、单薄、楚楚可怜，吃饭很少。她从来不与别的小朋友相处，胆子特别小，从来也不大声说话。老师给她安排座位她不坐，给她玩具她不要，就是哭着抱着自己的小书包，独自一人站在教室的角落里。直到一个月后，她才勉强与小朋友坐在一起，但很少讲话，显得格格不入。 （13）自闭症：一类以严重孤独，缺乏情感反应，语言发育障碍，刻板重复动作和对环境奇特反应为特征的疾病。 教师：了解了这么多的幼儿心理行为问题，试想，如果你所服务的家庭里，遇到这些问题，你将如何处理？ 课堂讨论（5分钟）。 2.心理行为问题的保健和干预方法（举例） （1）夜惊幼儿的干预方法： 1）培养良好的作息习惯和睡眠卫生。如：睡觉时不要开着灯，室内保持空气流通，睡姿正确，睡前不要吃过多的东西等。 2）帮助孩子放松、减压。如：通过讲故事、做游戏的方式，对孩子进行有针对性的心理疏导，让他们解除焦虑、放松身心，培养他坚强的意志、开朗的性格。上床后，家人亲切地陪孩子说说话，或共同听一段轻松的音乐，也往往能让孩子心情愉快地入睡，这是避免夜惊的好方法。 3）适度增加孩子的运动量。运动不仅可以增强孩子的体质，还能促进其脑神经递质的平衡。而且孩子白天的活动多了，累了，晚上也容易睡得深，提高睡眠质量。 （2）退缩行为儿童干预方法： 1）培养儿童独立自主的能力，让孩子学会管理自己。

续表

教学过程	2）鼓励孩子参加各种社会活动，多方创造条件，使孩子能和其他小朋友一起玩耍，一起做游戏。多陪孩子一起参加社交活动，让孩子适应公共场所的活动。 3）不溺爱，以免养成过分的依赖性，也不可粗暴，以免使孩子恐惧不安，害怕与人接触。要鼓励孩子从小热爱集体，主动与其他小朋友一起活动，培养开朗的性格。 4）对孩子在社交中出现的合群现象，应给予奖励，逐渐增加他们的社会活动，克服退缩行为，经过多次社交实践和家长的正确心理引导，绝大多数有退缩行为的孩子都可成为性格开朗的人。 3. 问题幼儿的护理方法（讲解） 心理学家认为，如果幼儿期心理就开始不健康，那么将影响他的一生。幼儿时期是培养健康心理的黄金时期，各种习惯和行为模式都在这时奠定基础，如果在此时忽略了孩子的心理健康，那么，成人后想拥有健康的心理与成熟的人格就会非常的困难。 家政服务人员同样需要掌握一些方法，才能更好地照顾孩子，为雇主排忧解难。下面提供一些办法供学员尝试： （1）不要严厉苛责孩子。这样做易使孩子形成自卑、胆怯、逃避等不健康心理，或导致反抗、残暴、说谎、离家出走等异常行为。 （2）不要过分关心孩子。太纵容溺爱孩子，容易使孩子过度以自我为中心，成为自高自大的人。 （3）不要恐吓孩子。吓唬孩子会丧失你在孩子心目中的权威性，以后的一切告诫，孩子就不会服从了。 （4）不要贿赂孩子。要让孩子从小知道权利与义务的关系，不尽义务不能享受权利。 （5）不要嘲笑和批评孩子。孩子一样也会有自尊心，嘲笑批评孩子会造成孩子怀恨和害羞的心理，大大损害孩子的自尊心。 （6）帮助孩子面对困境。要帮助孩子对面对的困境进行分析，教会孩子分析问题、解决问题的方法。要帮助孩子解决困难，但不是代替他们解决困难。 （7）要让孩子学会独立。虽然你是来照顾他的，但是不要什么都帮孩子做，要让孩子学会独立，不要让孩子过于依赖家长或阿姨，应该鼓励孩子与同年龄人一起生活、学习、玩耍，这样才能学会与人相处的方法。 （8）不要勉强孩子。当孩子无法完成一件事情时，不要勉强。孩子的自信心多半是由成功慢慢培养起来的，强迫他们做力所不及的事情，只会打击他们的自信心。 （9）不要过分夸奖孩子。孩子做事取得了成绩，略表赞许即可，过分夸奖会使孩子沾染沽名钓誉的不良心理。另外，赞许必须针对具体的事，让孩子知道自己优点的同时感到你的赞许是真诚的，而不是虚的、哄他的。 （10）不要对孩子喜怒无常。对待孩子时，如果自己的情绪总是不稳定，喜怒无常，这会让孩子没有安全感与稳定性，孩子会感到无所适从，变得敏感多疑、情绪不稳、胆小畏缩。 （11）培养良好的作息习惯和睡眠卫生。家政服务人员要承担起培养孩子养成各种良好习惯的责任，从日常的一言一行中日积月累地注意纠正和培养。 （12）鼓励孩子参加各种社会活动。

续表

教学过程	（13）适度增加孩子的运动量。 讲完这部分内容后，教师列出几个问题，让学员回答导致的结果。 思考： 1.你觉得什么性格的婴幼儿最容易发生心理健康问题？我们应该怎样干预呢？ 2.婴幼儿行为及心理健康问题的病因是什么？它们有什么共同的护理方法和防治措施？
课堂小结	本课程主要学习了常见的幼儿心理问题行为特征和问题幼儿的护理方法，重点学习护理的方法要点。
布置作业	思考：幼儿心理问题行为是如何形成的？如何培养孩子儿童时期的心理健康？
板书设计	略
教学反思	怎样让学员熟练掌握有心理问题行为的孩子的照顾方法？

4.6 菲律宾家政服务机构及人员管理

菲律宾家政服务机构实行许可经营。在菲律宾，家政服务机构及其分支机构都需依法注册登记并领取牌照后方能经营。牌照每两年审核一次。企业获得牌照的条件比较严格，需要注册资金 50 万比索，经营场所面积不小于 50 平方米，租赁场所合同期要在 2 年以上，以及其他条件。

菲律宾实施严格的家政劳务合同制度。在菲律宾，要保障家庭佣工在雇主家中食宿安排合理、工资按时发放。在菲律宾，服务机构如果在家庭佣工劳务合同履行中存在过错、违反合同、有重大过失等，将被列入黑名单。对于因履行合同而产生的有关工资、死亡、人身伤害的争议诉讼，外国雇主和服务机构都将承担连带责任。

一、菲律宾家政服务机构

菲律宾家政服务机构的业务范围分为国内业务和海外业务。如果菲律宾家政服务机构想从事海外派遣菲佣的业务，就必须到海外就业管理局（POEA）获得许可证。目前，在许可名单内和许可时效内正常经营的有关菲佣海外派遣的家政服务机构约有 100 家。

在菲律宾，无论是家政服务机构、海外菲佣中介机构，还是家政培训机构及其分支机构等，都需依法注册登记并领取牌照后方能经营。同时，菲律宾建立了家政服务机构保证金制度、黑名单制度，对非法雇佣、提供虚假雇佣信息、不合理收费、非法经营等违规行为，视情节将在一定时期内吊销执照或注销执照，罚款 5 000～100 000 比索，甚至判处有期徒刑。

菲律宾海外就业管理局规定，外国招聘机构在申请认证时，也将被要求在菲律宾中央银行授权的银行设立并维持一个托管账户，最低存款额为1万美元。这些托管的押金即佣工招募企业需要缴纳的保证金，主要用于解决所有有效和合法的索赔，以及满足所有因违反雇佣合同而产生判决的缴罚。保证金是对所有佣工的保护措施，并非适用于某一个被雇用的菲律宾人。

菲律宾国内及海外的家政服务机构按菲律宾政府的规定，缴纳一定数额的企业保证金，既能合理有效地保护菲律宾家政服务机构的合法运营，又能保障海外劳工特别是家庭佣工的合法权益，让他们能够安心地在海外就业。

二、菲律宾家政服务人员管理

菲律宾家政服务机构严格确保家庭佣工职业化与持证上岗。首先，需要对提供上门服务的家庭佣工进行严格审查，包括其从业履历、家庭背景、从业资格、技术证书等；其次，要保证其用工资格，为其办理劳工卡。劳工卡是企业交税的账号，是企业帮助家庭佣工办理交税的账号凭证。菲律宾家庭佣工无论在国内还是去国外就业，都要依规持证（劳工卡、海外就业证书）上岗，这无疑保证了用工规范及菲律宾家庭佣工自身的合法权益。

菲律宾家政服务业建立了全面的黑名单制。就菲佣而言，对于要去往海外务工及从国外返回的菲律宾家庭佣工来说，要特别重视个人的信用问题。一旦菲律宾家庭佣工存在职业污点，被人举报，就会被菲律宾移民局拉入黑名单。这些被举报的情况，通常包括同名风险、民事纠纷、触犯法律、签证过期、居留性质改变未降签、入境目的非合理解释、落地签入境等。一旦进入黑名单，就无法顺利地从菲律宾海关出入境，一般会以遣送的形式送走并且代价不菲。比较稳妥的做法是在办理相关出入境手续前，先到移民局查询自己是否在黑名单之中。如果发现自己在黑名单中，必须先到菲律宾的移民局把自己的黑名单问题解决之后再出国或回国，这样才不会影响出行。在菲律宾，只要处在黑名单中，那就是永久性存在，不会随着时间的流逝而自己消除，必须要本人进行洗白之后才能够让它消失。对去海外务工获得较高收入的菲佣来说，诚信服务是第一位的，也是不可逾越的底线。

菲律宾政府严格审查家庭佣工的信用问题，且事前告知其可能触发黑名单风险的事项令其提前规避，使得派遣的家庭佣工都处在良好的信用状态之中。这不仅是对海外雇主负责，也是对菲佣在海外自身权益提供有效的保障措施。

在菲律宾，建立黑名单制，不仅对菲佣本人，对家政服务机构、对雇主也是如此。菲律宾劳工和就业部也会对家政服务中介机构及雇主的情况进行审查。一旦发现其违法违规及虐待佣工的行为或经被举报，也会将其拉入政府黑名单，会受到政府的制约监控和处罚，严重的甚至会受到刑事指控。

由此可见，无论家政服务机构、雇主和家庭佣工都需严格依法依规行事，一旦被归入黑名单，将受到来自菲律宾政府严厉的制裁。

培训项目 5

菲式家政对粤港澳地区家政服务的启示

5.1 广东省家政服务业发展概况

目前，家政服务业具体可分为：普通家政服务、母婴护理服务、养老护理服务、育婴服务、病患护理服务、钟点及住家服务，服务的种类较过去更加具体细化，涉及20多个门类，200多个服务项目。将传统的保洁、搬家、保姆等固有项目不断细分，月嫂、陪护、聊天、理财、保健等服务不断成为家政服务的主要内容。例如，钟点服务细分出催乳通乳、保洁、烹饪、护理老人、护理病人；家庭保洁细分出整理收纳、新居开荒、家电清洗、擦玻璃、木地板打蜡、地毯清洗、地板清洗、环境消毒、除螨等。精细化的分工不仅满足了雇主的需求，同时又能引导和刺激消费，是新经济背景下家政服务业研发的新成果。随着经济的发展，这种从大家政中分离出来的小工种，还会越来越多、越来越细。

根据《广东省"南粤家政"服务行业与从业人员发展研究报告（2022—2023年度）》显示，广东省各类家政服务公司提供的服务仍以母婴护理、照护陪护、日常劳务、家庭保洁为主。

截至2023年12月底，广东全省家政服务企业有3.4万家。其中，规模以上企业0.27万家，占全省行业企业总数的8%；规模以下企业3.13万家，占比为92%。家政服务企业的数量与前两年相比有明显增长。

从地域分布来看，广东省地区间家政企业数量差距较大。珠三角地区家政企业数量最多，占比达到76.6%；粤北地区家政企业数量占比为9.0%；粤西地区家政企业数量占比为8.7%；粤东地区家政企业数量占比为5.7%。

根据家政平台数据和地市调研统计数据，截至2023年12月底，广东全省家政服务从业人员逾227.7万人，较前两年继续保持增长趋势。

调查显示，广东省家政服务从业人员年龄主要分布在46～55岁；从调查结果来看，当前广东省家政服务人员总体年龄偏大。此外，广东省家政服务从业人员总体学历不高。

在提供的服务种类方面，据问卷结果显示，母婴护理类（月嫂、育婴师、催乳师等）、日常劳务类（做饭、洗衣、日常清洁等）、家庭保洁类（专业清洁、家具养护、深度保洁等）、护理陪护类（老人陪护、医患护理等）、家政培训服务竞争较大，约80%的"家政"相关企业提供此类服务。一些较为细化类的服务（如营养配餐师等）、新兴服务类（如整理收纳师等）竞争较小。

目前，随着家政服务范围的日益扩大，服务分工更加精细，从业人员的服务水平和专业的家政服务人员尚不能满足市场的需求。这就必然要求家政服务业以市场需求为导向，建立市场反馈机制，加强市场监管，公平竞争、优胜劣汰，实现资源充分合理的配置，培养更加专业化的服务人员，对将来家政服务的市场化起到推动作用。家政服务业的竞争焦点主要集中在产品与服务本身上，还包括企业的硬实力，如服务的技术优势、创新能力、企业人才优势等。

家政服务业的蓬勃发展对促进就业和拉动家庭经济消费的作用日益明显，但同时也需要进一步加以规范和约束。因此，2023年3月30日，广东省第十四届人民代表大会常务委员会第二次会议审议通过了《广东省家政服务条例》（以下简称《条例》），《条例》共25条，就适用范围、政府及有关部门职责、综合管理服务平台、家政服务码，以及家政服务机构、家政服务人员、家政服务消费者权利义务等内容作了规定。《条例》已于2023年7月1日起施行。《条例》的出台，能够进一步规范家政服务活动，维护家政服务各方的合法权益，促进家政服务业提质扩容，推动"南粤家政"工程的高质量发展。

5.2 香港、澳门地区家政服务业发展概况

一、香港家政服务业

在香港，家政服务工作被称为"家务助理"。和内地相比，香港的家政服务业由于起步时间较早，发展时期较长，从监管部门的设立、家政服务公司的管理到家政人员的技能培训和认定均十分成熟规范。

目前，香港家政服务业从业人员超过 30 万人，以外籍服务人员为主。据统计数据表明，2010 年 10 月，在港外籍家政服务人员近 28.5 万人，其中来自印度尼西亚的有 14 万人，来自菲律宾的有 13.6 万人，其余 7 000 多人分别来自泰国、斯里兰卡和尼泊尔。

家政服务技能培训由香港雇员再培训局提供。该局于 2002 年 10 月成立了"实务技能培训及评估中心"，这是一所技能考核中心，其主要目标是透过公平、公正及透明的技能评估机制，确保课程的质量，并有助于提升公众对学员技能水平的认可性，增加学员的就业机会。课程结束后，学员将免费接受统一的技能评估，在评估中心通过测试后，"家务助理"学员可获签发"技能卡"（相当于上岗证）及毕业证书。

菲佣在香港的家政服务市场中非常受欢迎。菲佣大多学历较高，对孩子照顾得无微不至，且能提供英文早教服务，同时较香港本地家政服务人员工资便宜，所以深受香港雇主欢迎。

香港家政服务人员有最低工资保障，其薪金由家政服务公司定价，不得低于最低工资水平，但也很少出现大幅上涨现象。香港特区政府非常重视保障外籍家庭佣工（外佣）的权益。在雇用外籍佣工时，雇主须向外籍佣工支付不低于签订

合约时规定的最低工资的薪金。同时香港政府规定，雇用外籍佣工需拥有足够的经济能力。雇主必须固定给佣工支付工资的日期，必须明确佣工的休息日，必须跟佣工确定是否在雇用期间提供膳食。如提供膳食，膳食必须是免费的。

根据标准雇佣合约，外佣可享有下列权益：规定最低工资；要求提供膳食津贴（如雇主提供膳食）、免费住宿、往返原居地的费用；要求提供免费医疗，包括诊症、住院及牙科急诊费用；不再续约时，由雇主支付往返原居住地的费用；要求提供有薪或无薪假期。

二、澳门家政服务业

2000年后，随着澳门服务业的兴起和发展，劳动力市场开始涌现出一批以女性为主的新力军。在双职工增加、婴儿潮以及人口老龄化的趋势下，家政服务业在澳门发展起来。在雇佣机制上，澳门政府采取一系列措施，如从内地引入家政服务人员、政府统一培训家政员工等。澳门回归初期，外籍家佣多由印佣和菲佣组成，澳门政府于2005年引入了越佣后，越佣因拥有与华人文化相近性的优势，逐渐与印佣、菲佣成为澳门三大家政劳动力。由于日本等发达国家近几年对家佣的需求上升，东亚地区开始出现"抢佣"现象，澳门对家佣的需求也因此紧张起来。为了应对新一轮的"佣工荒"，很多澳门市民避开了烦琐的中介环节，自发在互联网上组建相关讨论区，以便大家能第一时间获得招聘和评价信息。

近十年来，澳门对家政服务人员的需求量不断上升，而澳门家政服务人员大多来自菲律宾等地，在语言文化、生活习惯等方面与澳门本地人存在诸多差异，也给生活带来很多不便，为此，澳门也迫切需要同样语言、同样文化背景和生活习惯的内地家政服务人员。因此，澳门政府与内地于2013年展开试点合作——输佣服务。政策初期，为了符合港澳地区的文化，内地先从广东和福建分别输出三分之二和三分之一的家佣。2014年，澳门政府公布了一项对内地家佣满意度的调查结果。调查结果显示，超过75%的雇主对内地家佣的工作表现表示满意或非常满意。2022年，广东省商务厅、广东省港澳办又进一步制定了《关于加强与澳门特别行政区家政劳务合作管理事宜的通知》（粤商务规字〔2022〕1号，以下简称《通知》),要求各级商务主管部门主动加强对输澳家政劳务合作企业的服务,引导相关企业按照《通知》要求做好输澳家政劳务合作项目的备案工作,加强对输澳家政劳务合作事中、事后的监管。

随着社会经济水平的提高,家政服务已成为国家大力倡导、人们迫切需要的一项重要民生事业。澳门妇联有关人士提出,希望增强内地家政人员来澳政策,为澳门及合作区的家庭提供更优质、更多元化的家政服务,更有必要加强培养内地家政人员来澳,补充澳门家政人员缺口,平衡整体市场发展。强化招聘机制,比如与内地建立家政人员输澳沟通联络机制,便利内地家政人员来澳;搭建农村劳动者与澳门家政服务的线上线下"彩虹桥"平台,鼓励他们赴澳门及合作区从事家政行业;在合作区建立高质量的家政人员培训基地,提升服务素质。

5.3 粤港澳地区家政服务业发展趋势

作为生活性服务业的九大行业之一的家庭服务业，近年来有了较快的发展。无论是在企业数量、就业人数、服务内容及行业贡献值，还是在员工制企业所占比例等方面，均较以往有很大的突破。目前，我国每百人平均雇用家庭服务业人员不到 1.5 人，如果以我国香港特区和新加坡每百人平均雇用 4.13 人和 3.62 人为参照，未来家庭服务业吸纳劳动力的就业前景广阔。中国家庭服务业协会调查显示，我国城镇现有的 1.9 亿户家庭中，约 15% 的家庭需要家政服务，那么可以推算出，仅仅家政服务就需要 2 850 万名从业人员。

"互联网+"家庭服务各业态发展迅速。尤其是家政 O2O（Online To Office，线上到线下）发展很快，涌现出一批应用新技术的互联网家庭服务平台和服务机构。《2015—2020 年中国家政服务产业市场运行暨产业发展趋势研究报告》指出，未来 5 年内将有家政服务业的企业实现上市的目标。由于新三板的新政和规则，一些家政服务业的高新技术公司有上市的可能。与传统家庭服务不同，"互联网+"打通线上线下，加强了用户体验，有力促进了家政服务业的发展。该类企业主要有两个来源：一个是原有的家政企业向线上发展，如 e 家洁、云家政、阿姨帮、阿姨来了、小马管家、嘉佣坊等；另一个是电商企业向家政领域的发展，如 BAT、京东、58 同城、大众点评、美团等电商领军企业纷纷向家政服务领域布局。在资本的推动下，家政 O2O 市场规模迅速扩大。

家庭服务行业内部不断细分，服务内容在横向扩张和纵向层次发展方面均有所突破。各类细分、专门化家庭服务公司出现，并如雨后春笋般地发展起来，涉及如母婴服务、养老服务、早教服务、家庭清洁等家庭生活各方面。随着家庭服务业的发展以及对不同层次、不同方面人才需求的不断增加，针对家庭服务的各类培训、各层次职业教育和高等教育发展迅速,既有企业为解决自身人才需求而举办的各类专门技术培训,也有各类社会组织所举办的专门化培训学校,同时兴起了高等院校与企业联合办学,培养家庭服务行业高级管理型和技术型人才。

5.4 启示

菲式家政服务的职业标准详细具体，对家政服务各细分领域有具体的描述，指引性非常强，使得我们能够看到"菲佣"仔细认真的服务态度、专业规范的服务内容，以及服务过程中体现出来的职业道德、职业意识和优秀的职业精神。菲律宾对家政从业者在法律法规、政策支持、教育训练等方面也予以较高的重视，并要求从业者兼具家庭服务技能和语言文化能力，以及216小时的专业培训时长，而这些对于我国家政行业人才培养、产业发展而言，具有诸多可供借鉴和参考的地方。

一、家政立法：制订粤港澳地区家政产业发展条例

在菲律宾，通过国家立法促进菲佣海外就业、保障菲佣品牌建设。为此，菲律宾政府制定了一系列法律法规，来推动向海外输出劳务，保护海外劳工的权益。

因此，建议粤港澳地区政府和立法部门加强粤港澳家政服务业的"立法"，依法保障粤港澳地区家政服务业发展走上法治化轨道。例如，香港法律第57章《雇佣条例》《从国外聘用家庭佣工指南》等；澳门于2010年制定的行政法规——《聘用外地雇员法施行细则》，依法保障了包括家政服务人员在内的外地雇员及其各方面合法权益。

2023年3月，广东省第十四届人民代表大会常务委员会第二次会议通过了《广东省家政服务条例》，该条例于2023年7月1日生效。条例保障了家政服务机构、家政服务人员、家政服务消费者等相关主体的合法权益，以及规范了上述这些主体的从业或商业行为。

二、人才培养：构建粤港澳地区家政教育体系

菲律宾家政发展水平之所以走在世界前列，一个重要原因是菲律宾家政教育的发展。通过开展全民、全程家政教育，让菲律宾人从小热爱家政、树立家政职业意识，并习得基本家政知识与家政技能，为日后进入家政服务业打下坚实的素质基础。

因此，建议粤港澳地区政府和教育机构将家政教育融入粤港澳地区家庭教育、幼儿园、小学、初级中学、高级中学、职业教育、高等教育、社会机构教育等整个粤港澳地区教育体系当中。家政教育兴，则家政兴；家政教育强，则家政强。粤港澳地区要打造中国家政服务业高地和先行示范区，就必须先打造中国家政教育高地与先行示范区。

三、技能培训：建立完善的职业培训体系

菲律宾政府对菲佣的培训非常重视。政府还出资设立了大量的菲佣学校。

此外，菲律宾政府根据TESDA制定的《家政服务NCⅡ》的能力标准体系，建立菲佣培训体系。

由此可见，菲佣培训也同样实现了标准化。进一步确保了菲佣的培训质量；只有高质量的菲佣培训，才能打造出高能力、高水平的菲佣。再加上菲律宾实行政府指定的评估机构对菲佣培训学员进行评估，并颁发统一的政府认证的证书，确保了菲佣培训质量及证书的权威性。

因此，建议粤港澳地区家政培训机构或家政企业提供广泛的培训课程，涵盖家政服务所需的各种技能和知识。这包括但不限于家居清洁、婴幼儿护理、老年人护理、烹饪技能、礼仪与沟通等。根据市场需求和行业趋势，定期更新培训课程，以确保培训内容与时俱进，并与实际工作需求相匹配。

除了理论知识的传授，培训机构还要能提供实践和模拟训练的机会。通过模拟家庭环境、真实工作场景和角色扮演，培训学员在真实情境中应用所学技能，提高他们的实践能力和应对复杂情况的能力。

建立行业标准和认证机制是提高培训课程质量和一致性的关键。可以制定明确的标准和指导方针，以确保培训机构提供的课程达到一定的质量要求。同时，引入认证机制，例如颁发培训证书或学分，给予的合格学员以认可和激励，帮助他们提升职业发展和就业机会。

培训师资的专业化和素质对培训课程的有效性至关重要。培训机构可以投资于培训师的培养和发展，提供教学技能和专业知识的培训，确保培训师具备丰富的行业经验和教学能力。定期的培训师评估和反馈机制可以进一步提高培训质量和效果。

粤港澳地区可以积极推动培训机构之间的合作与资源共享。这包括与高校、行业协会和企业建立合作关系，共同开展培训项目、研讨会和实习机会。通过资源共享和协同合作，提高培训机构的综合能力和专业水平。

通过深化培训和技能提升，粤港澳地区的家政服务业可以培养出更加专业和熟练的从业人员，提高服务质量和客户满意度。这将为家政服务业的可持续发展和国际竞争力提供坚实基础。

四、人员招募：加强家政服务人员的准入门槛

在菲律宾，菲佣的招募非常严格。菲律宾允许私人就业部门在劳工部法律法规的指导下，参与海外就业工人招募活动。但禁止雇主直接招聘菲律宾人赴海外就业，禁止旅游公司和航空公司销售部门参与海外工人招募活动。在菲律宾，规定只有菲律宾公民和合法注册的公司，或菲律宾籍公民控股75%以上的公司被允许参与海外工人招募活动。招募机构的营业许可证不得转让，任何变更须预先得到劳工部核准。申请许可证必须拥有劳工部规定的注册资本并交纳相关注册费，还必须交纳保证金，以保证遵守规定的招募程序、法律法规和适当的就业条款和条件；招募机构在申请人员获得就业岗位或实际开始就业前不得收取任何费用，收费必须按照劳工部公布正当收费标准，并有显示费用构成的发票。

菲律宾劳工和就业部可以根据公共利益的需要，要求所有招募机构递交就业情况报告，包括工作职位、详细的工作要求、解雇情况、工资、其他条款和条件、

就业数据等；有权限制和管理所有招募机构的职业介绍活动；有权在任何时候检查经营场所、账目和记录；有权建议对造成危害的非法招募人员进行逮捕和拘留，要求搜查其办公室或经营场所，查封账目、财产、记录文件；有权中止或撤销违反法律法规的海外就业机构的许可证。

因此，建议粤港澳地区家政企业严格规范家政服务人员招募。首先，招募家政服务人员的家政服务企业要依法依规经营，对求职的家政服务人员要公开透明诚信；其次，要自觉严禁虚假招募家政服务人员，要保障求职家政服务人员的合法权益，进而自觉维护家政服务业的良好社会形象；最后，要随时接受政府主管部门和家政行业协会的管理监督，自觉遵守家政服务市场秩序。一家良好口碑的家政服务企业，会提升招募家政服务人员的成功率和效率。这是菲佣招募给我们家政服务企业的良好启示之一。

五、企业管理：依法依规专业化管理

在菲律宾，无论是家政服务机构、海外菲佣中介机构还是家政培训机构及其分支机构等，都需依法注册登记并领取牌照后方能经营。同时，建立家政服务机构保证金制度、黑名单制度，对于非法雇佣、提供虚假雇佣信息、不合理收费、非法经营等违规行为，视情节将被吊销执照一定时期或注销执照，罚款5 000～100 000 比索，甚至判处有期徒刑。

菲律宾服务机构的严格依法依规管理还体现在菲佣的持证上岗方面。首先，在菲律宾，家政服务机构需要对提供上门服务的家庭佣工进行包括从业履历、家庭背景、从业资格、技术证书等进行严格审查；其次，要保证其用工资格，为其办理劳工卡。劳工卡是企业帮助家庭佣工办理交税的账号凭证。其中，家庭佣工即菲佣的技术证书的颁发尤其严格。菲律宾家庭佣工海外就业，需要先取得菲律宾海外就业管理局（POEA）颁发的海外就业证书（OEC）。而TESDA制定的《家政服务NCⅡ》的培训条例（TR），是一套能力标准、国家资格、培训标准和评估及认证安排。只有通过这套培训或评估的家庭佣工才能获得国家技术证书（NC）；有了国家技术证书（NC），才能申请海外就业证书（OEC）。在没有获得海外就业证书之前，菲律宾家庭佣工候选人不能离开菲律宾到海外工作。

菲律宾政府就是这样严格依法依规对家政服务机构和菲佣进行管理，有效保障了菲律宾家政服务业有序、健康可持续发展，有效保障了菲佣和雇主的合法权益。

因此，建议粤港澳地区家政服务企业要依法依规管理企业，自觉维护家政服务人员和雇主的合法权益，诚信经营，不能投机取巧，才能树立企业良好的品牌，提升雇主的忠诚度，减少家政服务人员的流失率，留住优秀的家政服务人员，为雇主提供有品质的服务，进而提升企业的盈利能力，有效维护"家政服务利润链"，实现企业可持续、高质量发展。

1. 建立完善的管理体系，包括人力资源管理、财务管理、市场营销、运营管理等方面。通过专业化的管理，家政服务企业能够提高效率、优化资源配置、提升服务质量。

2. 建立健全员工的培训体系，包括新员工培训、岗位培训、继续教育等，以提升员工的专业能力和服务水平。培训可以涵盖家政技能、服务态度、沟通技巧等方面，确保员工具备必要的能力来满足客户的需求。

3. 建立良好的沟通渠道，与客户保持密切联系，及时了解客户需求和反馈意见。此外，也可以建立内部的员工反馈机制，鼓励员工提出改进建议和意见，促进企业的持续改进和创新。

4. 注重客户关系管理，建立客户数据库，了解客户的偏好和需求，通过个性化的服务和定期的跟进，提高客户满意度和忠诚度。良好的客户关系有助于企业口碑的传播和业务增长。

5. 积极运用技术和创新提升管理效率和服务质量。引入智能家居技术、在线预约系统、移动应用程序等，提升企业的运营效率、提供便捷的服务体验，并探索更多创新的管理方式和服务模式。

6. 建立透明的管理体系，确保信息的公开和员工权益的保护。同时，制定并执行规范的业务流程、合规制度和质量标准，提升企业的整体管理水平。

六、家政研究：深刻认识和把握家政服务业规律

TESDA 制定的《家政服务 NC Ⅱ》是菲律宾政府制定的一套关于家政服务的能力标准、国家资格、培训标准和评估及认证安排的培训条例（TR）。

因此，学习借鉴菲佣的成功经验，粤港澳地区政府、研究机构或高校要瞄准粤港澳地位家政服务业发展的重大课题、重大问题、重大决策开展理论研究与实证研究。通过家政研究，深刻揭示和把握家政服务业发展的规律。要科学理论先行，用科学研究成果自觉指导粤港澳地区家政服务发展实践。

七、家政产业：推动粤港澳地区"产、学、研"融合发展

菲律宾家政"产、学、研"的融合发展：以菲律宾国立大学家政学院为例。其家政学学科发展具有三个方面特点与经验：以提升家庭幸福指数的高度来确立家政学学科发展定位；以个人、家庭和社会的需求为中心设置家政学专业体系；家政学学科发展贯穿"产、学、研"一体化理念。

学院设有实验大楼、餐厅、茶室、食品加工厂以及儿童发展中心等实践基地，这些配套硬件设施的建设有效地保证了学生不仅只是学习理论，更可以将理论付诸实践，进行现实场景的研究和观察，进而可以保证所培养人才可以直接应用于家政服务市场。因此，菲律宾家政学科教育的发展已经做到了直接对接产业发展，为国际家政品牌"菲佣"的长盛不衰提供了有力的教育支撑。

因此，粤港澳地区政府、高校、企业、研究机构可以多方协同，融合发展。政府牵头，提供政策支持、资金支持、数据信息支持；建立粤港澳家政集团，融合企业、高校、研究机构的资源与人才，共同打造粤港澳家政服务高端人才，为该地区乃至全国输送高端家政服务人员，实现人们对美好生活的向往。

八、市场管理：规范行业服务标准

1. 制定家政监管细则和规范

菲律宾的家政服务业在监管方面相对较为严格，政府机构下设家政行业管理委员会，针对家政服务机构和人员实施证照制度，明确各项行业服务标准和规范。大湾区家政服务业应该借鉴菲律宾的做法，采取类似的监管措施和制度，制定细则和规范，加强对家政服务人员的培训和考核，提高家政服务质量。

2. 关注家政服务人员的待遇和权益

菲律宾的家政服务人员相对较多地获得了权益保障，政府出台了雇员法律保护规定，明确了每周工作时长、薪水标准和假期等。大湾区家政服务也应该关注服务人员的待遇和权益，提高服务人员的社会地位和收入，吸引更多优秀的服务人员加入家政服务业。

3. 注重服务质量和过程管理

菲律宾的家政服务不仅注重服务质量，还注重对服务过程的管理和评估。他们会通过客户反馈和评估结果等方式不断完善服务流程和质量，提高服务的专业度和标准化程度。大湾区家政服务也应该注重服务质量和管理，建立完善的服务流程和服务标准，加强对服务过程的监督和评估，提高服务质量和客户满意度。

4. 家政服务客户需求至上

菲律宾家政服务注重客户需求，会通过沟通、调研等方式了解客户的实际需求，为他们提供量身定制的服务。大湾区的家政服务也应该注重客户需求，确保服务内容与客户需求匹配。

5. 建立信任基础

菲律宾家政服务通过长期的服务和良好的表现，建立了客户的信任和忠诚度，客户成为他们最好的宣传员。大湾区家政服务也应该通过提供高品质的服务和良好的口碑来建立客户信任基础。

6. 家政服务注意工作细节

菲律宾家政服务非常注重服务的细节，例如，在客户家中服务时，他们会注意家庭环境、仪表、语言礼仪等，让客户感受到温暖和专业的服务。大湾区家政服务也应该注重服务的细节，通过细致的关注和服务来提高客户的满意度。

7. 打造专业形象，提供专业的服务

菲律宾家政服务从业人员都经过专业培训，拥有良好的服务技能和职业形象，在服务过程中能够提供专业的指导和建议。大湾区家政服务也应该提供专业的服务，穿戴得体，服饰鞋袜清洁、大方、美观，努力提供更加专业化的家政服务。

九、服务质量：全方位重视优质服务供给

1. 服务理念方面的启示

（1）客户优先，主动热情：注重客户的需求和意见，把客户的需求放在自己的需求之上。主动问候，主动服务，主动征求雇主意见，热情开朗，语言亲切，处处关心雇主。

（2）精益求精，耐心冷静：注重不断提升服务质量和专业能力，持续学习和改进服务，使得服务质量不断提高。具有"忍耐性"和"忍让性"，繁忙时不急躁，不厌烦，不争辩，不吵架，保持冷静，婉转解释，得理让人。

（3）团队合作，周到体贴：注重团队协作和沟通，由高效的团队为客户提供优质服务，服务工作面面俱到、完善体贴，细致周到，想雇主所想，急雇主所急，千方百计地帮雇主排忧解难，使得整个团队的总体服务水平大幅提高。

2. 服务标准方面的启示

（1）标准化服务流程：注重服务流程的标准化，在服务前和服务中都有严格的规范和标准，确保每一个服务环节都得到专业的处理。

（2）人员培训和考核：对员工进行严格的培训和考核，每名员工必须经过专业的培训和考核之后才能上岗服务，这样可以保证员工的专业素养和服务质量。

（3）个性化定制服务：注重根据客户的不同需求，提供个性化的定制服务，

让雇主的需求得到最贴心的满足。

（4）环境友好和健康安全：使用环境友好和安全健康的清洁产品和工具，保护员工和雇主的健康和安全，同时也起到了环保的作用。

这些规范和标准为大湾区家政服务提供了很好的借鉴和启示，家政服务也需要注重标准化服务流程、人员培训和考核、个性化定制服务和环境友好和健康安全等方面的规范，并不断完善这些标准，提高服务质量，让更多的人得到优质的家政服务。

3. 服务流程方面的启示

（1）提前预约，工作早安排，巧计划：把每周、每日、每时要做哪些事，先干什么，再干什么，如何干，都提前做好统一安排。科学合理地安排工作，避免雇主觉得服务不专业或者认为家政从业人员偷懒。

（2）上门服务，见缝插针，避免空劳：准时到达雇主家中，进行服务。工作应井然有序，物品排放定为清楚，避免临时乱抓，可以一边做饭，一边择菜，一边扫地，一边整理。从而达到省时、高效、省力。

（3）服务前沟通，主动协商，服务协作：懂得与雇主沟通服务细节，听取意见和建议，确定服务内容和时间，做好服务协作。

（4）分清主次，劳逸结合，走标准流程：按照标准化服务流程进行服务，确保每一个环节都得到专业的处理。工作中做到先繁后简，先急后缓，先主后次，有劳有逸，提高效率。

（5）寻求反馈，主动改进，不断完善：主动提请雇主对服务进行评价，提出宝贵意见和建议，方便家政人员改进服务。所有服务，采用雇主评价反馈机制，不断完善服务流程，提高全面服务质量和雇主满意度。

4. 服务技能方面的启示

（1）专业技能：对服务人员进行多方面培训，提高其服务技能和专业素养，例如清洁技能、烹饪技能、儿童看护和护理技能等。

（2）安全技能：注重员工的安全技能，例如急救、紧急疏散、消防等安全技能的培养。

（3）服务态度和意识：注重培养员工的服务态度和服务意识，让他们具备良好的沟通技巧和服务态度，让雇主获得专业的服务质量。

（4）个性化服务：注重根据雇主的不同需求，提供个性化的定制服务，让雇主的需求得到最贴心的满足。

后记

《粤港澳大湾区家政服务——菲式家政服务项目式教学》在广东省人力资源和社会保障厅的指导下，由广东省职业技术教研室组织编写。在编写过程中得到广东省人力资源和社会保障厅及相关处室的高度重视和大力支持。

《粤港澳大湾区家政服务——菲式家政服务项目式教学》通过对菲式家政服务全景式解读，展示了一副"原汁原味"的菲式家政画卷。为了能更好地呈现菲式家政服务的精髓，编写团队参考和翻译了大量来自菲律宾官方的原始资料，也曾远赴菲律宾考察家政服务，和菲律宾的家政管理人员和从业人员进行座谈和交流。

《粤港澳大湾区家政服务——菲式家政服务项目式教学》分为5个培训项目，主要包括菲式家政服务发展概述、菲式家政产业生态、菲式家政的主要内容及菲佣的职业素养、菲式家政的人才培养与机构管理、菲式家政对粤港澳地区家政服务的启示。这是广东省"南粤家政"工程又一部实用教材和培训手册，更是国内首部推介世界知名家政服务品牌（"菲佣"）的重要著作。希望这本书能帮助家政服务从业者全面掌握菲式家政服务的精髓，提高职业素养和专业技能，同时为家政服务机构提供系统的培训和管理参考，推动行业的规范化和标准化建设。

《粤港澳大湾区家政服务——菲式家政服务项目式教学》的组织编写工作得到了广东省就业服务管理局和广东省家庭服务业协会及众多行业专家的大力支持和协助。在此，一并向关心、支持本书编写工作的各级领导、部门（单位）和参与编写及审稿的有关专家表示衷心的感谢！